服装高等教育“十一五”部委级规划教材

内衣设计

孙恩乐　编著

中国纺织出版社

内 容 提 要

面对目前国内内衣设计人才紧缺的现状，作者深入广东众多知名内衣企业进行考察调研，总结出一套从内衣设计到上架陈列整个过程的设计规律和操作方法。内容涵盖了中外内衣简史、内衣的分类、内衣常用面辅料；内衣设计要素、人体体型特征与内衣选择、人体测量、内衣设计思维与方法、内衣设计流程与管理、内衣设计常用工艺；基础内衣、美体内衣、装饰内衣的设计；运动休闲内衣、保暖内衣、儿童内衣的设计；内衣的穿着与保养以及内衣的展示与陈列设计。

书中使用了大量内衣企业的设计生产实例和内衣大赛的获奖作品，内容丰富。本书既可作为高等院校服装设计专业的教材，也可供内衣生产企业的设计人员、技术人员及广大服装爱好者阅读。

图书在版编目（CIP）数据

内衣设计/孙恩乐编著.—北京：中国纺织出版社，2008.11（2017.7 重印）

服装高等教育“十一五”部委级规划教材

ISBN 978-7-5064-5046-1

Ⅰ.内…　Ⅱ.孙…　Ⅲ.内衣—设计—高等学校—教材　Ⅳ.TS941.713

中国版本图书馆 CIP 数据核字(2008)第 137602 号

策划编辑：范　莉　刘艳雪　　责任编辑：范　莉

责任校对：陈　红　责任设计：李　歆　责任印制：何　艳

中国纺织出版社出版发行

地址：北京市朝阳区百子湾东里 A407 号楼　邮政编码：100124

邮购电话：010—87155894　传真：010—87155801

http：//www.c-textilep.com

E-mail：faxing @ c-textilep.com

官方微博 http://weibo.com/2119887771

北京通天印刷有限责任公司印刷　各地新华书店经销

2008 年 11 月第 1 版　2017 年 7 月第 5 次印刷

开本：787×1092　1/16　印张：10

字数：140 千字　定价：34.00 元（附光盘 1 张）

出版者的话

全面推进素质教育，着力培养基础扎实、知识面宽、能力强、素质高的人才，已成为当今本科教育的主题。教材建设作为教学的重要组成部分，如何适应新形势下我国教学改革要求，与时俱进，编写出高质量的教材，在人才培养中发挥作用，成为院校和出版人共同努力的目标。2005年1月，教育部颁发了教高[2005]1号文件"教育部关于印发《关于进一步加强高等学校本科教学工作的若干意见》"(以下简称《意见》)，明确指出我国本科教学工作要着眼于国家现代化建设和人的全面发展需要，着力提高大学生的学习能力、实践能力和创新能力。《意见》提出要推进课程改革，不断优化学科专业结构，加强新设置专业建设和管理，把拓宽专业口径与灵活设置专业方向有机结合。要继续推进课程体系、教学内容、教学方法和手段的改革，构建新的课程结构，加大选修课程开设比例，积极推进弹性学习制度建设。要切实改变课堂讲授所占学时过多的状况，为学生提供更多的自主学习的时间和空间。大力加强实践教学，切实提高大学生的实践能力。区别不同学科对实践教学的要求，合理制订实践教学方案，完善实践教学体系。《意见》强调要加强教材建设，大力锤炼精品教材，并把精品教材作为教材选用的主要目标。对发展迅速和应用性强的课程，要不断更新教材内容，积极开发新教材，并使高质量的新版教材成为教材选用的主体。

随着《意见》出台，教育部组织制订了普通高等教育"十一五"国家级教材规划，并于2006年8月10日正式下发了教材规划，确定了9716种"十一五"国家级教材规划选题，我社共有103种教材被纳入国家级教材规划。在此基础上，中国纺织服装教育学会与我社共同组织各院校制订出"十一五"部委级教材规划。为在"十一五"期间切实做好国家级及部委级本科教材的出版工作，我社主动进行了教材创新型模式的深入策划，力求使教材出版与教学改革和课程建设发展相适应，充分体现教材的适用性、科学性、系统性和新颖性，使教材内容具有以下三个特点：

(1)围绕一个核心——育人目标。根据教育规律和课程设置特点，从提高学生分析问题、解决问题的能力入手，教材附有课程设置指导，并于章首介绍本章知识点、重点、难点及专业技能，增加相关学科的最新研究理论、研究热点或历史背景，章后附形式多样的思考题等，提高教材的可读性，增加学生学习兴趣和自学能力，提升学生科技素养和人文素养。

(2)突出一个环节——实践环节。教材出版突出应用性学科的特点，注重理论与生产实践的结合，有针对性地设置教材内容，增加实践、实验内容。

(3)实现一个立体——多媒体教材资源包。充分利用现代教育技术手段，将授课知识点制作成教学课件，以直观的形式、丰富的表达充分展现教学内容。

教材出版是教育发展中的重要组成部分，为出版高质量的教材，出版社严格甄选作者，组织专家评审，并对出版全过程进行过程跟踪，及时了解教材编写进度、编写质量，力求做到作者权威，编辑专业，审读严格，精品出版。我们愿与院校一起，共同探讨、完善教材出版，不断推出精品教材，以适应我国高等教育的发展要求。

中国纺织出版社

教材出版中心

前言
Preface

人类的文明生活离不开内衣，人们也越来越体会到内衣对提升生活质量的有效作用。近几年，中国内衣企业和服装院校逐渐认识到培养内衣设计人才的重要性和迫切性。在教学中，令笔者感到困惑的是市面上还未发现一本完整的从内衣款式设计到上架陈列整个过程中、可操作性和实用性强的教材。经过多年的内衣企业走访、学习以及教学实践，本人在原有《内衣设计》讲义的基础上，整理出相对完整的《内衣设计》教材。

本书的主体结构分为六章：第一章主要涉及中外内衣发展简史、内衣的分类及内衣常用面辅料；第二章讲述了内衣设计要素，包括人体体型特征与内衣选择、人体测量、内衣设计思维与方法、内衣设计流程与管理以及内衣设计的常用工艺；第三章详细阐述了基础内衣、美体内衣与装饰内衣的设计；第四章讲述运动休闲内衣、保暖内衣与儿童内衣的设计要素；第五章、第六章分别讲述了内衣的穿着与保养、内衣展示与陈列设计。

限于编者的学识和整体内容设置要求，历史文化、民俗民风等非物质性文化在内衣设计中的运用等问题未能详述。今后将进一步补充、完善。

本书编写过程中得到林必聪、罗丽芬、沈仰云等同学的帮助，在此表示感谢。同时感谢为本书提供了部分图片和资料的各内衣企业，包括广东中山市衣之舍服饰有限公司、佛山市美思内衣有限公司、深圳伊丝艾拉服饰有限公司、广州康妮雅营销有限公司等。还要特别感谢中国纺织出版社包含芳、范莉等相关人员的大力帮助和耐心指导。

编著者

2008年6月

内衣设计教学内容及课时安排

章/课时	课程性质/课时	节	课程内容
第一章（6课时）	基础理论（12课时）		**内衣概述**
		一	中外内衣简史
		二	内衣的分类
		三	内衣常用面辅料
第二章（6课时）			**内衣设计要素**
		一	人体体型特征与内衣选择
		二	人体测量
		三	内衣设计思维与方法
		四	内衣设计流程与管理
		五	内衣设计的常用工艺
第三章（24课时）	应用设计（46课时）		**基础内衣、美体内衣与装饰内衣的设计**
		一	内衣的设计原则、风格与方法
		二	基础内衣的设计
		三	美体内衣的设计
		四	装饰内衣的设计
第四章（16课时）			**运动休闲内衣、保暖内衣与儿童内衣的设计**
		一	运动休闲内衣的设计
		二	保暖内衣的设计
		三	儿童内衣的设计
第五章（1课时）			**内衣的穿着与保养**
		一	内衣的穿着
		二	内衣的保养
第六章（5课时）			**内衣展示与陈列设计**
		一	内衣品牌定位
		二	卖场区域设计
		三	照明设计
		四	橱窗设计
		五	商品配置
		六	宣传品与装饰品设计

注 各院校可根据自身的教学特色和教学计划对课程时数进行调整。

目录
Contents

基础理论——

内衣概述

课题名称：内衣概述

课题内容：中外内衣简史
内衣的分类
内衣常用面辅料

课题时间：6课时

教学目的：让学生了解中外内衣发展历程、内衣的分类以及内衣常用面辅料，为内衣设计做好基础知识准备。

教学方式：以教学课件和教师课堂讲授同步进行为主，课堂讨论为辅，并查阅内衣史论、内衣材料发展状况的相关资料。

教学要求：
1. 了解中西方古代、近代内衣的特点以及未来内衣的发展趋势。
2. 掌握内衣的分类方法。
3. 熟悉内衣常用面辅料的性能和特点。

第一章　内衣概述

第一节　中外内衣简史

内衣不只是一种衣的形式，它是自由而美丽的象征，是对生命自然的珍视与呵护，是人类反观自身的愉悦与创意，是服饰文化与人越来越和谐的标志之一。在人类文明的进程中，人们的审美观受时代、民族、国家以及个人等因素的制约，美的标准也随着社会潮流和流行观念的改变而改变，不同人体美的标准必然导致内衣在不同的文化形态下以不同的形式出现。

中国人与西方人对人体的观念有较大差异，西方人较早就有了人体欣赏的观念，在西方艺术中，肉体被视作灵感的源泉和纯粹调和形象的至善至美，女人体是神的形象或上帝的象征。而在中国艺术中，女性肉体被认为是模拟自然界的调和形象而来，中国古代文化不讲求人体欣赏，而认为身体的价值只有在“不露”的前提下才能有社会价值，因为“身体发肤，受之父母，不敢毁伤，孝至始也”。这也是导致女性内衣在不同的文化形态下以不同的形式出现的另一个重要原因。

今天，中西文化正相互交融、相互借鉴，人们渴望贴近自然，摆脱浮夸，远离繁琐，走向简洁与舒适，内衣的革新无疑是人们最大的愿望。作为服饰文化的一种，内衣始终是体现人类性别特征的服饰。内衣文化的兴起，揭示了人类已经进入一个崭新的文明时代，功能性与装饰性在未来内衣的发展中将相依并存，共同继续着人类文明的新篇章。

中西方历史年代对照见图1–1。

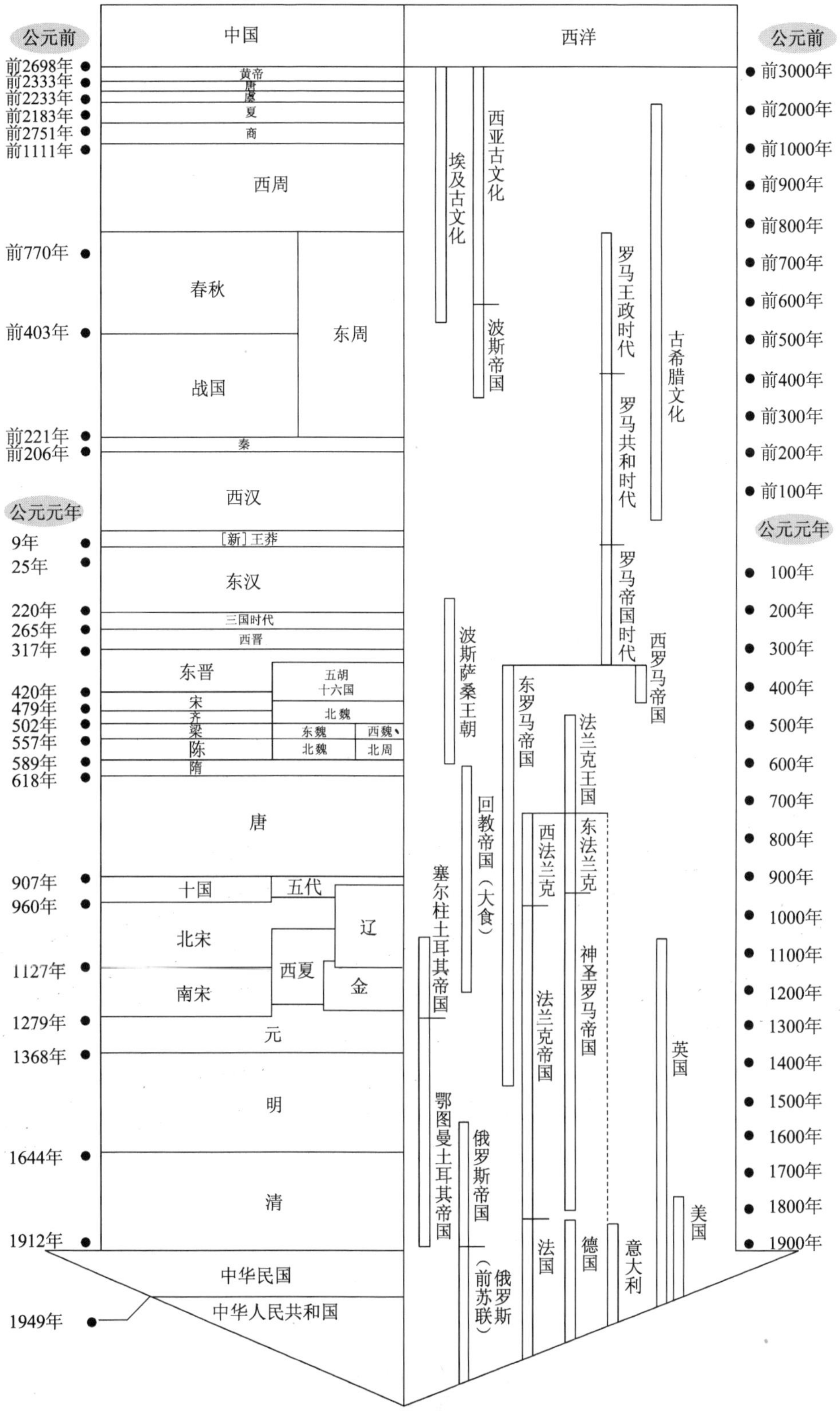

图1-1　中西方历史年代对照图

一、世界文明古国的内衣

世界文明古国的内衣特点见表1-1。

表1-1 世界文明古国的内衣特点

时间		内衣款式	内衣面料	内衣色彩
中国	先秦	将动物皮毛遮于前后体，内衣和外衣无区别。主要有裳、蔽膝、芾、袪衣、裎衣和襦裤	动物皮毛	本色
	商周	主要有袍、禅、衫，裤也称胫衣，为无裆的套裤和便于劳作的短裤	注重面料的柔软和舒适感，多采用本色葛布制作	因染色技术不高，多为本色
	春秋战国	男女内衣区别不大，内衣称亵或私，含有轻浮、淫秽之意。强调在领口和袖口处露出多层内衣 赵国武灵王“习骑射、着胡服”的典故开创了我国历史上内衣向外衣转化的先河	单层的绸或葛布	多为白色
	秦汉	内衣的帕腹、抱腹和心衣，有繁简之别 衬裤即襦裤，比商周时期的短裤穿着更合身、结构更简单	平织绢、绉纹纱制成的单衣厚实美观，吸汗功能强	多用彩绣，即在内衣面料上用各色丝线绣出花纹图案
西方	巴比伦	束腰背心的内衣		
	古埃及	腰衣也称绳衣，是世界上热带国家或地区男子围裹于腰臀上的腰布以及原始人所使用的兜裆布的总称。最初是不分贵贱，男女都穿的一种下装		国王和法老的腰衣上有白、蓝、黄、绿色相间隔的条纹装饰
	古希腊	男子内衣的最初款式希顿，是用一块面料横向对折包住身体，姑娘身着班德奥的乳带，早晚不离身，直到新婚之夜由丈夫剪断，从此不再使用 克里特神庙持蛇女神雕像的上衣则被认为是女性最早的紧身胸衣	亚麻	多为白色
	古罗马	男子穿着丘尼卡·印泰玛，女子穿着的斯托拉是支撑和固定乳房的布带，肩部形与现在的汗背心类似 女性参加体育竞赛时穿斯特罗费姆和帕纽，这种组合类似内衣款式，具有相当的超前意识	亚麻	多为白色

此阶段不同时期的内衣图例见图1-2~图1-8。

原始服装

穿着蔽膝的陶人

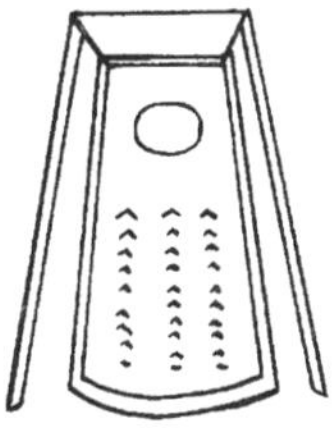

芾

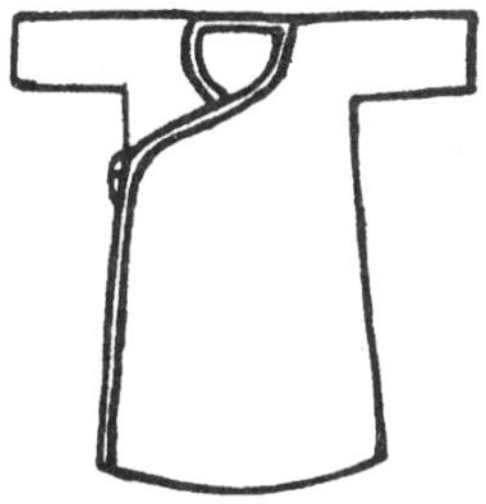

袪衣

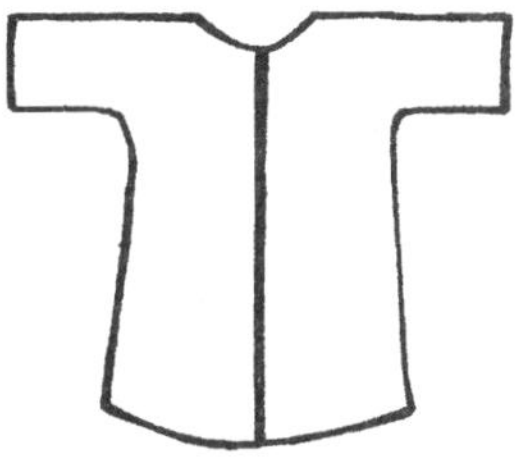

裎衣

图1-2　上古时期的内衣

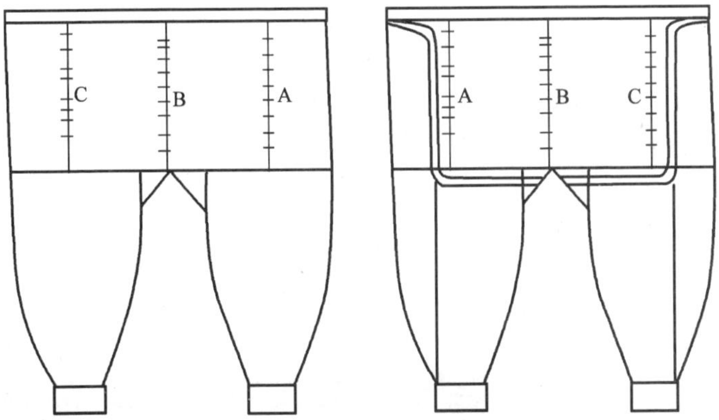

图1-3　春秋战国锦袴结构图

图1-4　战国赵武灵王胡服骑射

图1-5　汉代抱腹

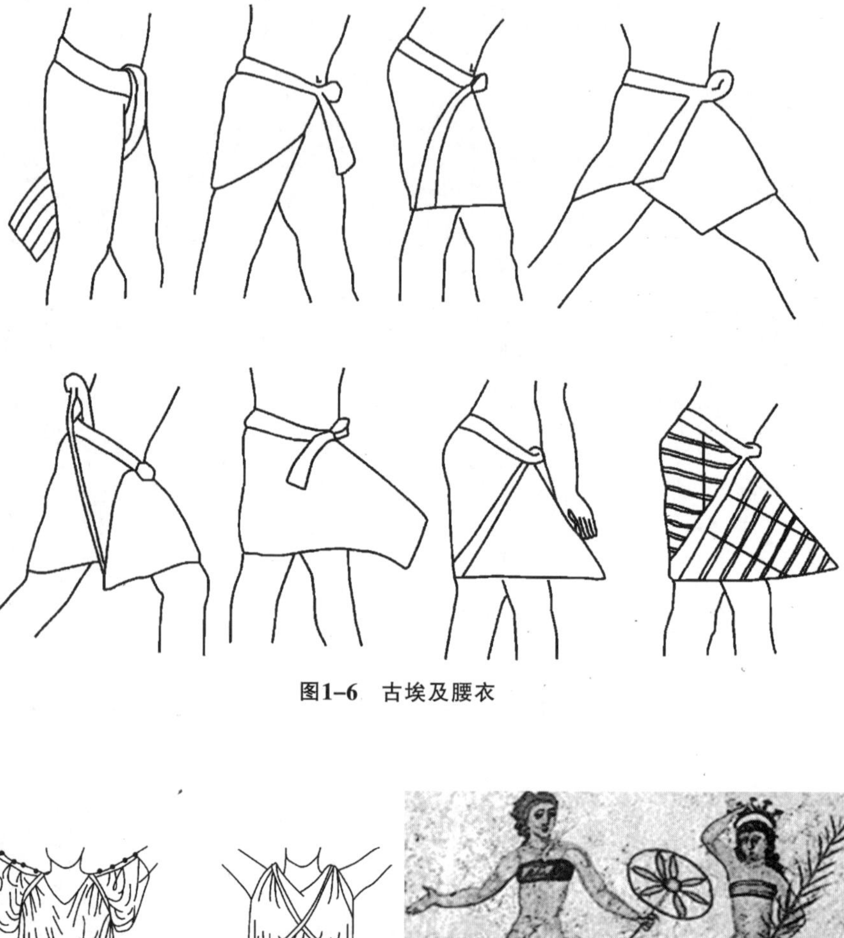

图1-6　古埃及腰衣

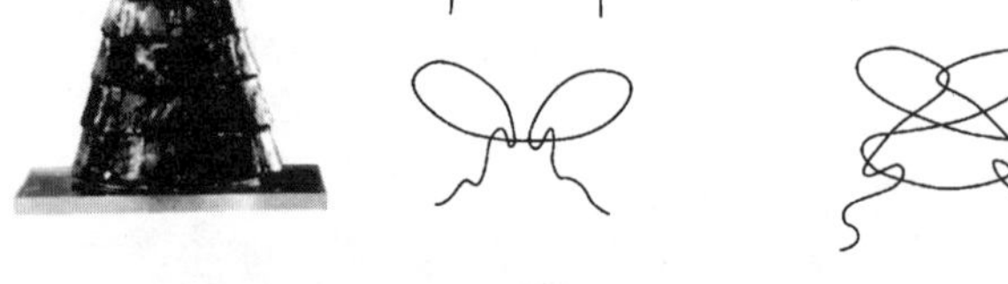

图1-7　古希腊紧身衣和班德奥

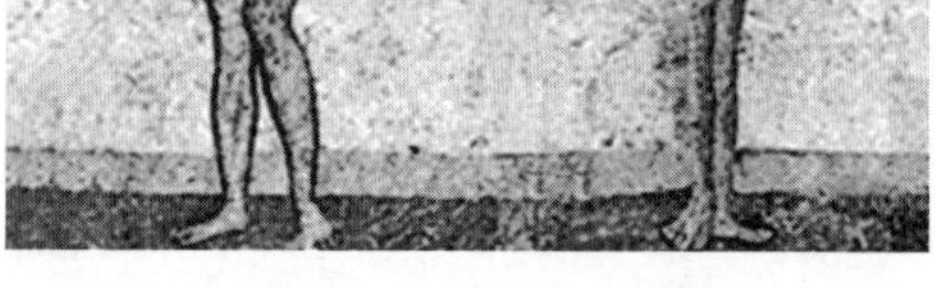

图1-8　古罗马斯特罗费姆

二、公元476～1453年（隋唐宋元与西方中世纪）的内衣

公元476~1453年（隋唐宋元与西方中世纪）的内衣特点见表1–2。

表 1–2　公元 476～1453 年（隋唐宋元与西方中世纪）的内衣特点

时间		内衣款式	内衣面料	内衣色彩
中国	魏晋南北朝	内衣体系更加完善，有衵衣（即贴身衣）、汗衣（即汗衫）、裲裆、抱腰（即肉腰和缠弦）、羞袒（即鄙袒）、襦裤等，内衣演化为一种服饰语言 裲裆是南北朝时期所特有的内衣，不分男女，女性还有开孔裁穿结构的内衣	麻、棉、丝、竹、纱、绡、罗	白色居多
	隋唐	女子内衣多指无带的诃子和束在胸际间的裙 膝裤是穿在裙子里覆盖足膝、用两条细绳上下束结在腿上的裤袜 男子内衣以衫为主	诃子的面料是织造而成的，手感厚实	组成黑白五彩色系三大系统。明黄色为最尊，兰绿色次之，黑白色为百姓所用
	宋朝	衫是没有袖头的上衣，既有单、夹和长短的形式，又有凉衫、紫衫、白衫、毛衫之分。男女均可穿着 中单即单衣，是宋朝时期男子穿在朝服下的内衣 女子内衣有抹胸（即抹肚）、襦、裹肚（即袄），其结构和裁剪逐步向合体的包裹方式发展。此时期还出现了一种有裆的短裤，称为裈	丝、绢、绸、缎、土布、麻、纱、蜡染布等	五彩齐全，通常采用间色，如淡绿、粉紫、银灰、葱白等色
	元朝	汗塌、汗替是元代男子内衣，官服中贴身内衣以“白绢中单”为正宗。内裤褌即犊鼻裤，造型如三角形裤口的独特形态 合欢襟是元代女子内衣；辽代女性着抹胸；契丹女子则将抹胸作为女子相扑的比赛服装；汉族女子的亵衣，胸前排列“盘花扣”，以纽扣缩结	男子内衣面料用花绫锦。女子内衣面料用织锦	回纹地团花、四方连续
西方中世纪		内衫外袍成为中世纪人们着装的主要特点，当时的内衣比较单纯，讲究功能性 男子内衣有丘尼克、霍兹、查安斯、考特塔：霍兹是穿在袍服里的连裤袜紧身裤；查米斯穿着时，要与外衣的领口、袖口的褶或刺绣纹样相一致 受哥特建筑影响，女性内衣用“省”的处理方式达到立体的造型，追求高耸向上的形态	亚麻布和饰带	米白色配金银线、深紫色或黑色线刺绣。动植物的圆形或方形适合纹样

此阶段不同时期的内衣图例见图1-9~图1-24。

图1-9　竹林七贤与荣启期

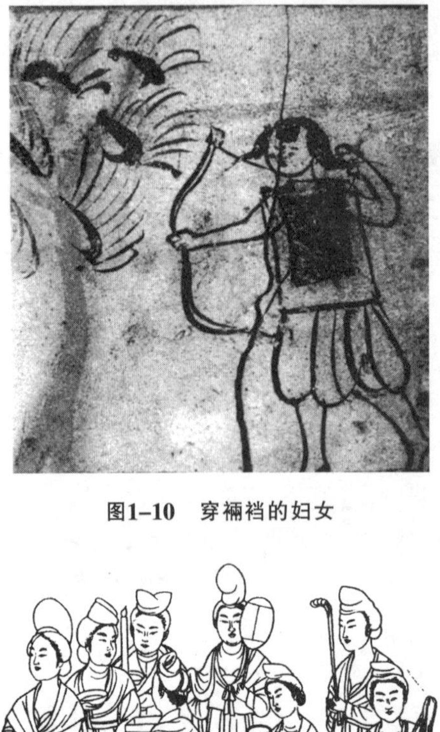

图1-10　穿裲裆的妇女

图1-11　穿着诃子的唐朝女性

图1-12　唐初低胸宫装

图1–13　敦煌飞天

图1–14　宋代男子的单衫

图1–15　穿襦的宋代妇女

图1–16　宋代印花裙

图1–17　元代开裆裤

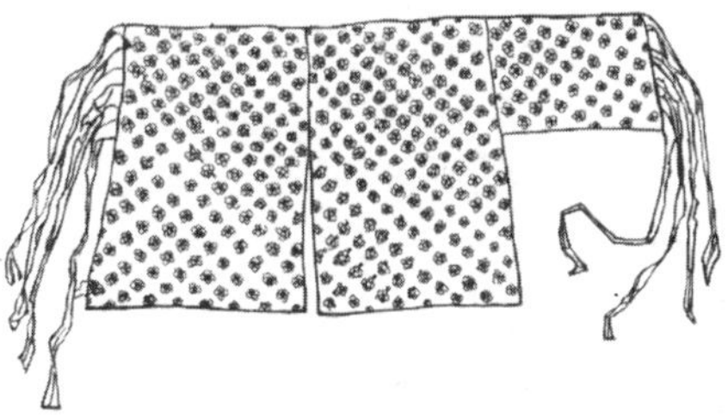

图1–18　金代男子裹衣

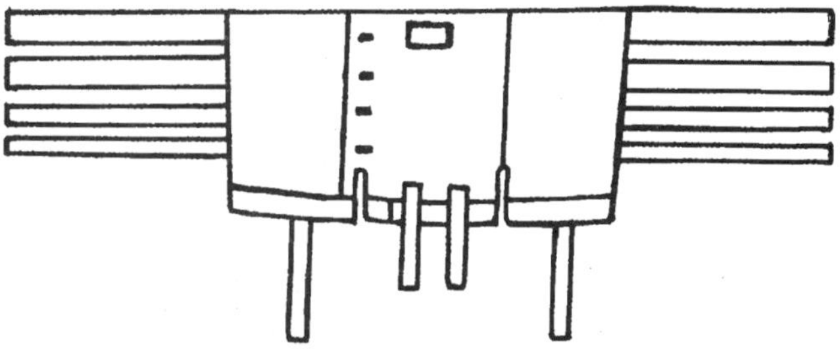

图1–19　金代妇女的佰腹

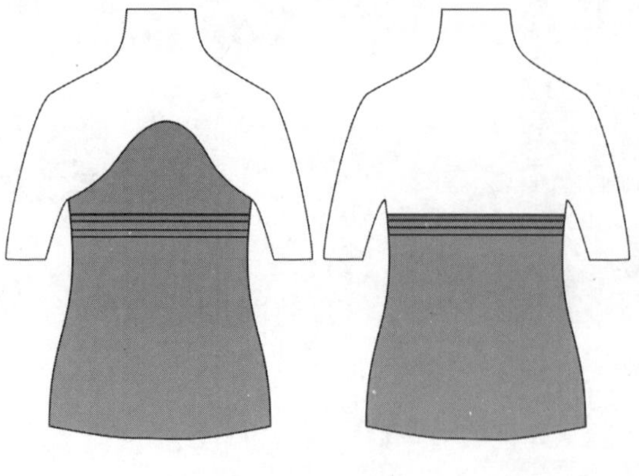

图1-20　唐朝诃子

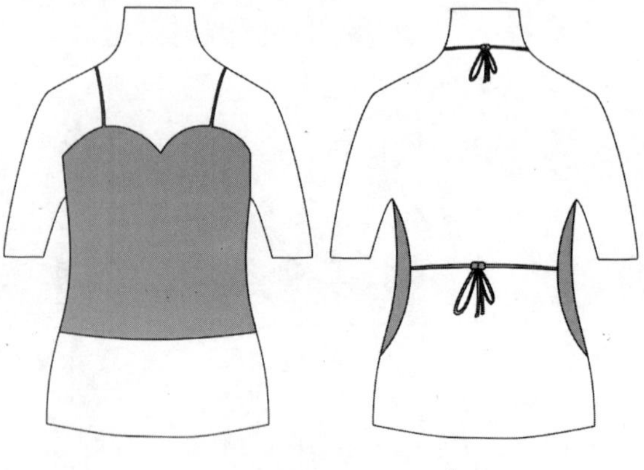

图1-21　宋朝抹胸

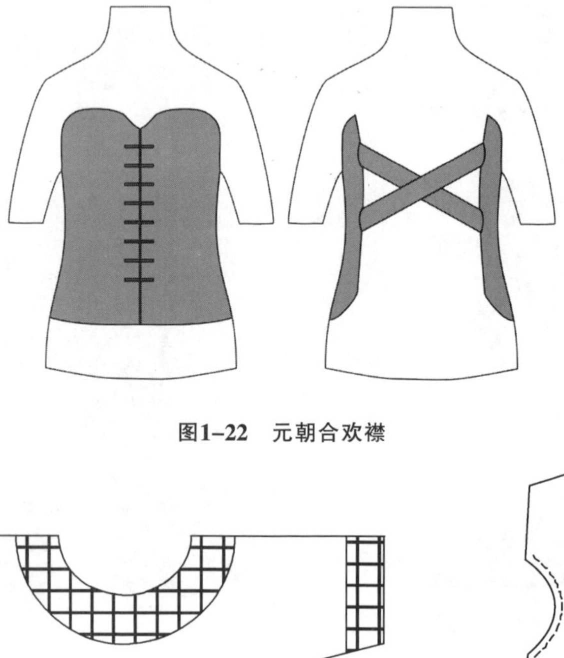

图1-22　元朝合欢襟

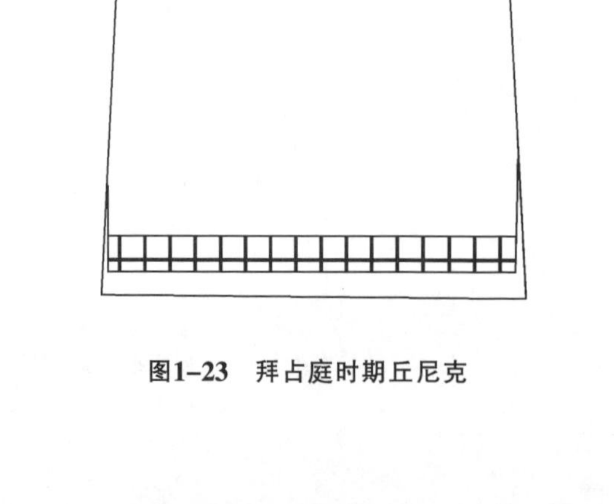

图1-23　拜占庭时期丘尼克

图1-24　罗马时期查安斯

三、14 ~ 15世纪(明朝与西方文艺复兴时期)的内衣

14~15世纪(明朝与西方文艺复兴时期)的内衣特点见表1–3。

表 1 – 3 14 ~ 15 世纪(明朝与西方文艺复兴时期)的内衣特点

时间	内衣款式	内衣面料	内衣色彩
中国明代	内衣与服装及其他物品的用途结合得十分紧密。女子内衣有主腰、腰子,还有一种带有摧残性的束胸,即“捆身子”	各种面料	图案讲究“图必有意,意必吉祥”
西方文艺复兴时期	男子衬衣的款式宽松,颈部和腰部收拢,并带有金线或红、黑丝线绣的精美图案 1520 ~ 1535 年,切口装饰的流行达到了高潮,其方法是将衣服剪开口子,让异色的内衣裤部分的面料和色泽显露出来 女性内衣流行紧身胸衣、裙撑和衬衣,紧身胸衣各具特色,都以束腰、膨裙、抬胸为目的,有鲸骨胸衣(即巴斯克尼)、布纳胸衣(即苛尔佩凯)、铁制紧身胸衣。裙撑与紧身胸衣、衬裤、衬裙等搭配组合,创造出极度夸张的服装造型,对女性的身体也是一种摧残	丝绸、棉布、亚麻	白色为主

此时期内衣图例见图1–25~图1–27。

主腰

腰子

抹胸

图1–25 明代抹胸、主腰和腰子

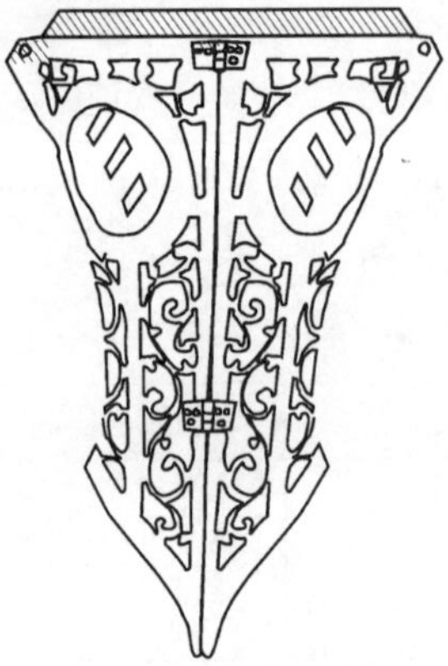

图1-26　文艺复兴时期的金属紧身衣

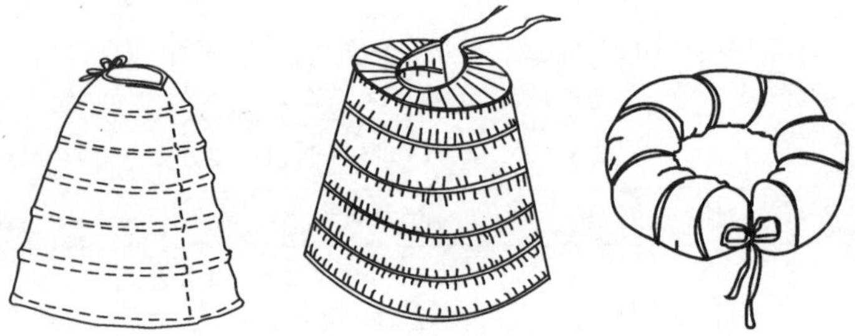

西班牙式　　英国式　　法国式

图1-27　文艺复兴时期的裙撑

四、16～18世纪(清代与西方帝政时期)的内衣

16~18世纪(清代与西方帝政时期)的内衣特点见表1-4。

表1-4　16～18世纪(清代与西方帝政时期)的内衣特点

时　间		内衣款式	内衣面料	内衣色彩
中国清代		肚兜即抹胸、兜兜,明清开始直至现代,部分少数民族和边远山区仍在穿用,是流行时间最长、男女老幼均可穿着的一种内衣样式 最早记载了具有保健功能的内衣	棉、丝绸、纱、绉、珍珠与竹等	各色齐全
西方	帝政时期	切口装饰在17世纪仍然流行,作为切口装饰的陪衬,男子衬衣有碎褶或折叠状的直褶。衬衣的领、袖口的刺绣或花边都要翻到外衣上,起装饰作用 外裤下摆处露出里面的衬裤较为流行。衬裤下摆处柔软肥大并有花边装饰,裤脚系结。 女子衬衫柔软而宽大,肥大的袖身系结分割成几段,形成多层次的灯笼袖,并装饰有各种图案的花边、花结绸带圈,袖子是整件服装的重要装饰部位 紧身胸衣初期流行苛尔巴莱耐,中期流行三角胸衣,末期则为脱肩式胸衣。 裙撑的裙子肥大且外轮廓不同,有英国式的鼓形裙、法国式的圆屋顶形裙和西班牙式的圆锥形裙	丝绸、棉布、亚麻	白色为主。流行从内而外重叠穿着多层衬裙,里层衬裙的色彩明度高、纯度高,中间层衬裙的色彩比较深、相对比较稳重
	18世纪	18世纪男子衬衣的重点依然是与外套袖口搭配的组成 女子紧身胸衣采用鲸骨胸衣,腰部裁剪十分精确,与臀部形成完美曲线。裙撑有巴尼尔裙撑(或称英式裙撑)、驮篮式撑裙(也称帕尼耶或母鸡笼式裙)和70年代的裙撑	麻布、皮革	色彩丰富

此时期内衣图例见图1–28~图1–31。

图1–28　肚兜

图1–29　清代中晚期的儿童肚兜（李超德藏品）

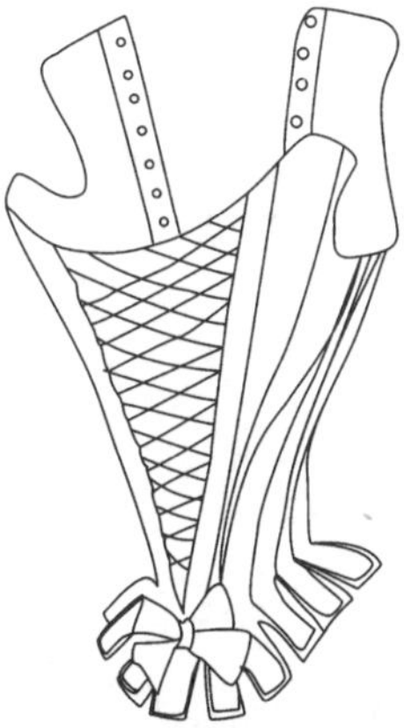

图1–30　17世纪锯齿花边在紧身胸衣上的应用

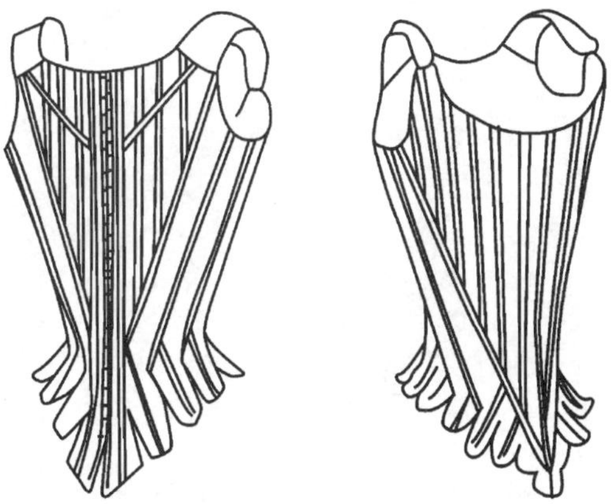

图1–31　18世纪鲸骨胸衣

五、19世纪(民国时期与西方)的内衣

19世纪(民国时期与西方)的内衣特点见表1–5。

表 1 –5　19 世纪(民国时期与西方)的内衣特点

时间	内衣款式	内衣面料	内衣色彩
民国时期	小马甲和背心也成为人们喜爱的内衣,法国巴黎的最新内衣款式,迅速在上海流行,全国各地都以追赶上海服饰为时尚	各种面料	色彩齐全
西方19世纪	内衣更趋于合理性、活动性和技能性 男子衬衣成为必不可少的配套服装,流行的领子是竖型领,在领的底线处绕脖子一周围上领巾。30 年代的男子为了展示修长干练的外形,也像妇女一样开始使用紧身胸衣来调整外形 妇女的长衬裤、衬裙是在内衣式连衣裙流行以后兴起的 一些中产阶级已经在家穿用专门的晨衣、袍服和浴衣,多用平纹棉质塔夫绸制作,也以花边装饰 曾流行过紧身胸衣科尔塞特,人们称其为“健康胸衣”,用马尾硬衬做的裙撑克里诺林有棉布、马毛、新型三个品种。1890 ~ 1900 年间裙撑终于退出历史舞台。1921 年世界上第一件胸衣是由巴黎一家有名的内衣店女店主嘉杜娜设计的,正式名字是“乳房支撑物”,在 1904 年首次被收入法国的辞典中	各种新式面料	色彩齐全

此时期内衣图例见图1–32~图1–35。

图1–32　民国时期内衣(老月份牌)

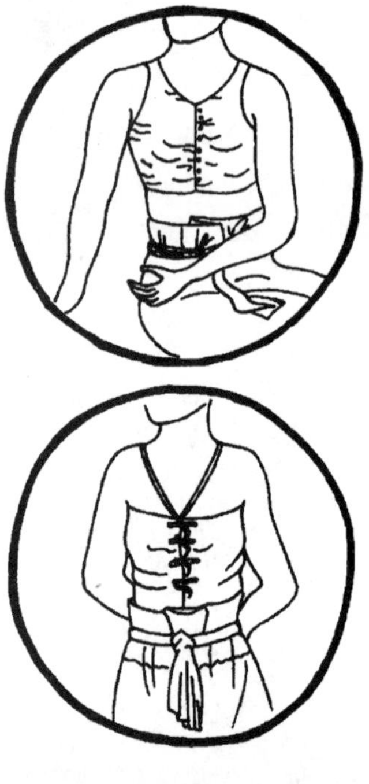

图1–33　民国时期小马甲

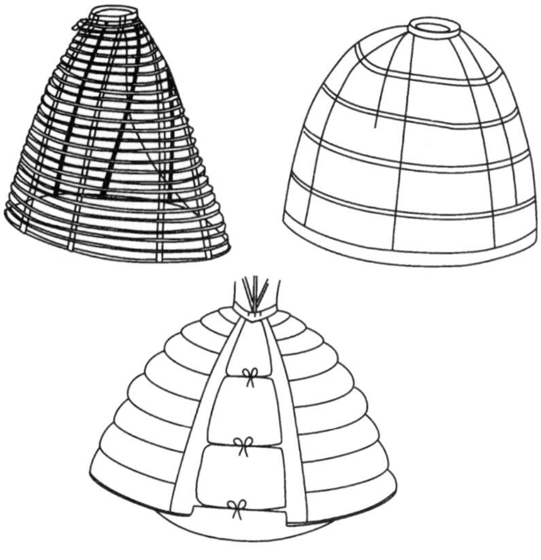

图1–34　马尾硬衬裙撑

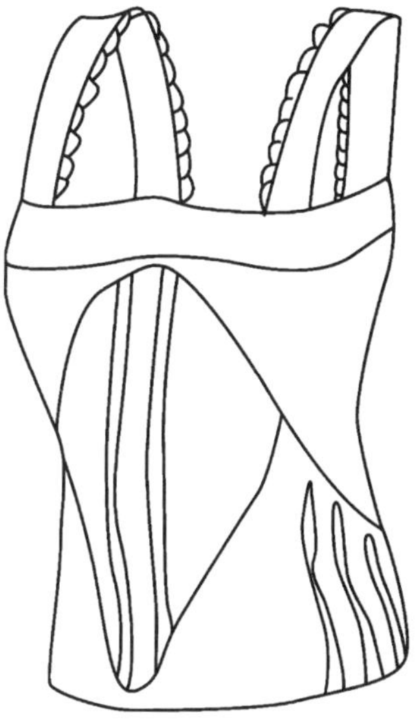

图1–35　19世纪的新型内衣

六、20世纪的内衣

20世纪的内衣特点见表1–6。

表 1 – 6　20 世纪的内衣特点

时　间		内衣款式	内衣面料	内衣色彩
中国 20 世纪	30 ~ 40 年代	西式内衣——文胸和传统小马甲式内衣并存	棉布为主	色彩齐全
	50 ~ 70 年代	男子内衣以中西并用的方式存在，其款式有背心、卫生衣、秋衣、三角短裤、平脚裤、秋裤等 女子文胸的前胸常叠加棉布并缝成弧形，款式以后背松紧加钩扣的样式为主；短裤以三角裤为主要样式；女子泳装款式多为连体式	棉布和针织面料	色彩单调，以白、灰色居多
	80 ~ 90 年代	男子内衣的款式变化不多，女子文胸开始出现加垫，款式增加了前胸开扣的样式 短裤仍以三角裤为主要样式，其面料、色彩、工艺变化逐渐增多 保暖内衣以长袖 T 恤为主 泳装开始出现两件套款式	纯棉、混纺棉布、针织布和锦纶	花色品种丰富

续表

时　间	内 衣 款 式	内衣面料	内衣色彩
西方20世纪	T恤是男子内衣的主要样式，多为圆领、平面展开呈T形的针织服装 1908年在伦敦首次展出了法国人保罗·波烈设计的第一件完全取消了紧身胸衣的女性内衣，重现人体的自然姿态。直身型紧身衣成为新的紧身胸衣。随后，设计师保罗·波烈主张以胸罩取代紧身胸衣，在服装史上具有划时代的意义 西方内衣经历了50～60年代“尽展女性美的时代”、70年代“女性内衣的黑暗时代”、80年代“还我女性美的年代”和90年代“第二皮肤年代”。有马甲式紧身胸衣、弹性胸衣、莱卡内衣、运动型内衣等	各种新式面料	色彩齐全

此时期内衣图例见图1-36~图1-38。

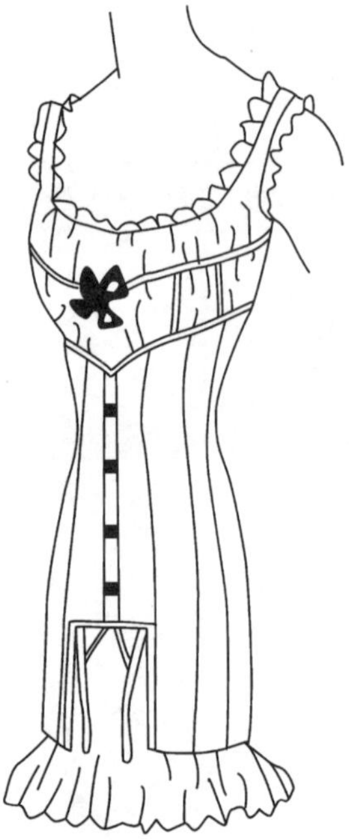

图1-36　直线型紧身胸衣

图1-37　比基尼

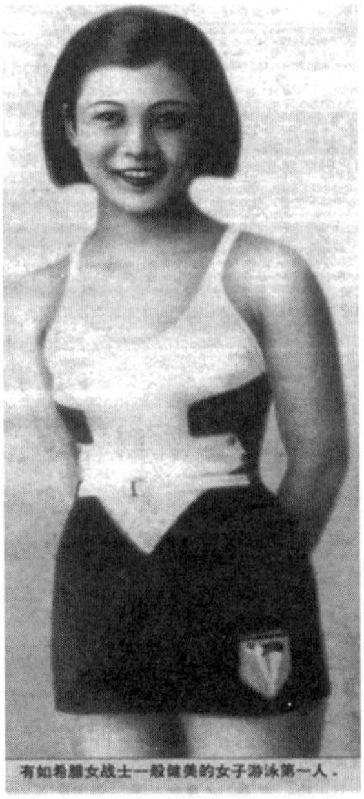

图1-38　20世纪30年代的泳装

七、21世纪的内衣

1. 21世纪我国的内衣

我国内衣业开始步入成熟，形成了以广东为代表的南方、以上海为代表的东部和以北京为代表的北方三分天下的产业格局。目前，我国拥有内衣企业3000余家及内衣专营店数百家。以生产文胸为主的“中国内衣第一镇”大沥盐步和以生产家居服为主的“中国内衣名镇”中山小揽的内衣生产令人注目。经过20多年的发展，我国内衣企业已从单纯的来料加工转向经营自主品牌，生产装备从手工操作、半机械化逐步向机械化、自动化及电子信息化方向转变，企业规模正迈向国际化、现代化。

2. 21世纪西方的内衣

21世纪的内衣在技术的基础上表现出了奢华、诱惑、舒适、性感和激情的风格，紧身但穿着舒适的内衣重新回归。

内衣设计由过去单纯的服用性设计向更高、更多元的风格化设计、功能化设计、环保型设计等方向转变，内衣的市场已由卖家为主导的初级阶段向高层次的以买家需求为主导的市场特征转换。未来的内衣设计将符合调整型、舒适型、保健型、智能型、健美型、绿色型和艺术型的要求。

第二节　内衣的分类

内衣（英文为Under Cover或Under Wear，法文为Lingerie）专指贴身穿的衣服，以直接依附于人体体表而体现价值。内衣不仅对人体起着最为重要的呵护作用，还逐步演绎成雕塑和装饰人体美的艺术品。内衣始终反映着人类最本质的着装文化，在特定的环境下反映着一定的社会发展状况、人民经济生活水平和思想意识形态，是人类文明发展历史进程的光辉写照。

内衣设计集人体解剖、材料性能、立体造型、人体工学和美学等多种学科为一体。近年来，随着高新科技的发展及其在纺织服装行业中的应用，人们从纤维性能、织物结构、款式、板型、缝制工艺、后整理技术以及服用功能设计等方面对内衣不断地进行改进，逐渐提升内衣的总体质量和市场竞争力，形成了内涵丰富的多元化、功能化、个性化、开放性和多样性的内衣文化，使内衣市场逐步走向成熟。

现代的内衣种类繁多，我们以大内衣的概念进行分类，一般可按年龄、性别、功能和工艺四个方面做如下划分，见图1-39。

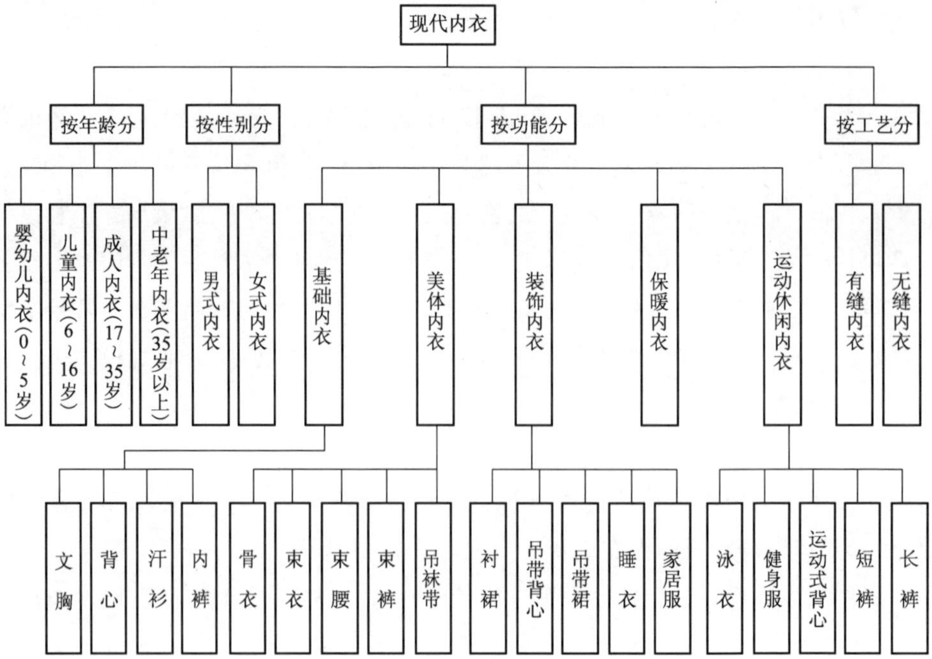

图1-39　现代内衣的分类

在内衣功能性划分中,各类内衣的含义和作用如下:

(1)基础内衣,是指对身体起基本保护和美化作用的内衣。它在内衣市场中所占的份额最大,数量最多。

(2)美体内衣,又称塑形内衣,是指对身体体型起矫正和塑造作用的内衣,是内衣中专业性最强、技术要求和技术含量最高的内衣。

(3)装饰内衣,是指对外衣起衬垫作用的内衣,还包括室内直接穿着的睡衣类内衣。

(4)保暖内衣,是指在秋冬季穿着的对身体起保暖作用的内衣。

(5)运动休闲内衣,是在运动、休闲时穿着的内衣,强调穿着的舒适性和运动的自由感。

内衣工艺划分中,无缝内衣产品就是直接织成的内衣,无接缝和裁剪的加工环节。采用无缝内衣技术,可以生产出无缝网眼内衣、满地花纹和局部花纹内衣、带有鲜明色彩的局部花纹图案的衬裙、紧身衣、胸罩以及男式内衣和儿童内衣等。对于女式内衣系列,可以生产出带有透视花型、集圈、平纹组织、花边、蕾丝等多种式样的内衣。而对于儿童内衣,可以通过大量变换针织组织结构及采用色彩提花,不但使内衣舒适、柔软,而且无缝和富有弹性的优点更能充分呵护儿童幼嫩的皮肤,减少束缚感。

以下章节的分类设计主要是以功能性划分为基础进行讲解的。

第三节　内衣常用面辅料

随着科学技术的发展和人们生活水平的不断提高，人们越来越重视对内衣面料和辅料的开发和应用。国家质量检测标准 IS 14000 和 ISO 9000 的实施，对内衣材料提出了更具体严格的指标要求，对内衣的环保要求也越来越高。内衣常用的面辅料应该具备良好的加工性、耐用性、装饰性、舒适性、卫生性和功能性。因此，内衣设计师应该对内衣面辅料的性能及其组织结构特点进行深入地了解、认识和分析，才能充分利用内衣面辅料的特点，更好地把握各种内衣的设计。

一、内衣常用面料

内衣面料的主要作用是体现内衣的造型、风格、性能等主体特征，使着装者感觉舒适和美观。面料有很多种分类方法，根据组成织物的原料分类，常用内衣面料可分为纯纺面料和混纺面料；根据面料的功能不同，可分为抗菌面料、保暖面料、美体面料等；根据面料的制造工艺，内衣面料还应包括网布、花边等常用配布，这与常规的服装面辅料分类有所不同。

1. 根据组成织物的原料分类

(1)纯纺面料

纯纺面料的经、纬纱线由单一的原料构成，可分为天然纤维面料和化学纤维面料。

天然纤维是自然界原有的或经人工培植的植物、人工饲养的动物上直接取得的纺织纤维。主要包括棉、毛、丝、麻。化学纤维是指用天然的或合成的高聚物为原料，经过化学和机械方法加工制造出来的纤维，包括再生纤维(再生蛋白质纤维和再生纤维素纤维)和合成纤维。

①再生蛋白质纤维主要有大豆蛋白纤维(人造羊绒)、牛奶纤维、玉米纤维等；再生纤维素纤维主要有莫代儿(Modal)、天丝(Tencel)、木浆纤维素纤维(Viloft)、竹纤维等。

②合成纤维在现代内衣设计中运用较多，其中以氨纶、涤纶、锦纶应用最为广泛。合成纤维与丝、棉相比具有较强的弹性和强力，这是天然纤维所缺乏的，正是这种性能使内衣的矫形性成为可能。在内衣设计中，我们可以利用合成纤维的弹性达到抬胸、提臀、收腹的效果，塑造美好身姿。合成纤维除了有弹性外，还具有耐穿、易洗、快干、不易皱、不易变形的特性，但由于其吸湿性较差，内衣在胸部和束裤的底裆部分常用棉针织物作衬底。

(2)混纺面料

混纺面料是由两种或两种以上纤维混纺成纱而织成的，一般具有较好的吸湿透气性,特别是经印染整理之后的面料,外观更显时尚亮丽,既能体现所组成原料中各种纤维的优点,又能提高织物的服用性能。在内衣面料中,混纺织物应用非常广泛,如维/棉平布、罗布麻/蚕丝、涤/棉、棉/氨纶、蚕丝/涤纶、大豆纤维/蚕丝、棉/粘胶纤维等形式的混纺面料。

内衣常用面料的性能、特点及适用范围如表 1–7 所示。

表 1 –7　内衣常用面料

面料名称				面料性能、特点	适用范围
纯纺面料	天然纤维面料		纯棉	手感质朴、温和,穿着柔和、适体。有较强的透气性和吸湿性,染色性能良好,同时具有易保养、不易产生静电、耐碱、耐热等性能,经济实用;但易受微生物的侵蚀而霉烂变质,弹性和抗皱性较差,耐酸的能力较弱	可作为室内内衣、睡衣、文胸和内裤等内衣的主要面料,或内裤的浪底、文胸的里衬等
			蚕丝	蚕丝面料手感柔软细腻,悬垂性好,穿着舒适、飘逸,其透气性和吸湿性都很强;但真丝机织面料没有弹性,其抗皱性、耐光性能较差	四季适宜的内衣面料;用蚕丝纤维织造成针织布,可作为束衣面料;机织真丝面料可制作室内内衣和睡衣等,是内衣中较高档的面料
			羊毛	具有良好的弹性、吸湿性、透气性和保暖性。通过破坏或填平纤维表面的鳞片,可使羊毛具有"机可洗"的特性	保暖内衣
	化学纤维面料	再生纤维面料	牛奶蛋白纤维面料	具有天然丝般的光泽和柔软手感,吸湿和导湿性能好,面料柔软滑爽、透气爽身、悬垂飘逸;呈淡黄色,耐热性差,在干热 120℃以上易泛黄;容易洗涤和打理,穿着方便。具有生物保健和抑菌消炎功能	各种内衣
			玉米纤维面料	生物降解性强,加工性良好,有较高的强度和耐热性;具有耐酸、耐碱、耐溶剂性和防老化性,不蛀不霉,集棉织物的舒适性、羊毛织物的保暖性和蚕丝织物的触感于一身	各种内衣
			莫代儿织物	手感柔软、顺滑、有丝质感;穿着舒适,有真丝一般的光泽,频繁水洗后依然柔顺;有极好的吸湿性和透气性,富有亮丽的色彩	各种内衣,夏季服饰
			天丝面料	干湿性强度大,不易被损且耐用;穿着舒适,光泽好,染色性能佳;柔软、光滑且厚重,富有弹性,具悬垂感和挺度,服装尺寸稳定性好	各种内衣,夏季服饰

续表

面料名称				面料性能、特点	适用范围
纯纺面料	化学纤维面料	再生纤维面料	木浆纤维面料	具有较好的弹性、悬垂性、透气性、保暖性、吸湿性和透湿性，光滑柔软，穿着轻盈舒适、贴身保暖	保暖内衣，夏季服饰
			竹纤维面料	具有长久的消臭抗菌和抗紫外线功能；耐磨性好，不起毛、起球；清新凉爽，可降解，可再生，上色性、回弹性好，与其他纤维混纺后能够呈现不同风格；其吸放湿性能和透气性居各种纺织纤维之首	四季都适合穿着的内衣面料，尤其适用于夏季内衣
		合成纤维面料	锦纶	强度高、耐磨性好，它的强度及耐磨性居所有纤维之首，但吸湿性和透气性都较差；在干燥环境下，易产生静电，短纤维织物也易起毛、起球；耐热、耐光性较差，易变形，可以随身附体	文胸的侧边，泳衣、健身服
			涤纶	弹性比普通化学纤维强，耐磨性、耐光性较好；保形性好、耐热性较强；吸湿性极差。纤维表面光滑，纤维之间的抱合力差，经常摩擦之处易起毛、结球	文胸的表层、花边等
混纺面料	维/棉平布			维纶与棉混纺，具有质地坚牢、柔软、舒适、价格便宜等特点	室内内衣及文胸，其次是耐黄变面料
	涤/棉			一般含棉35%，涤纶65%。具有棉的舒适性和涤纶的挺括外观	春季居家服
	棉/氨纶			氨纶弹力性能优异，无压迫感，活动舒适，但不耐高温、高压，染色困难。被棉纤维包覆制成包芯纱，用于织制弹力织物，改善了棉织物弹性差、易皱的缺点，具有棉的舒适手感与氨纶的优良弹性。也可开发紧身的或一次成形的无缝贴身保暖内衣，达到保暖和美体效果	内衣常用的弹性面料，通常用于文胸的后背、束裤的腹部和两侧、束衣等，也可用于开发塑身美体内衣
	罗布麻/蚕丝			经过生物酶或其他柔软处理，消除麻的刺痒感而开发的麻质内衣，既具有蚕丝的光泽，又具有良好的吸放湿性及天然抗菌的保健功能	夏季居家服
	蚕丝/涤纶			弹性比任何普通化学纤维都强，耐磨性较好；保形性好、耐热性较强；吸湿性极差。纤维表面光滑，纤维之间的抱合力差，经常摩擦之处易起毛、结球	涤纶与其他面料混纺，逐步成为理想的内衣面料
	大豆纤维/蚕丝			大豆纤维具有单丝细度细、比重轻等特点，与蚕丝混纺，集真丝和人造纤维的优点于一身，不仅具有优良的吸湿性和悬垂性，且手感柔软，光泽柔和华丽，保暖性好，具有真丝的外观和良好的服用性能，其价格又远低于真丝	适宜开发高档保健针织内衣系列产品、针织时装等

2. 根据面料的功能分类

随着科学技术的发展，功能性纤维面料也越来越多地被用于内衣设计，以强调其抗静电、保暖、透气、防辐射等功能特点。内衣常用功能性面料的性能、特点及适用范围如表1-8所示。

表1-8 内衣常用功能性面料

面料名称	面料性能、特点	适用范围
中空纤维面料	纤维中空，与同等轻质面料相比，可储存较多的空气，具有轻盈、透气、保暖、柔软的特点；透过中空系统，利用较大的纤维表面，及时将身体产生的湿气排至面料外层，从而保持身体干爽舒适	保暖内衣
红外线纤维面料	保温、保健、抑菌、防臭，促进血液循环，对细菌和微生物有较强的抑制作用，能有效地吸附和分解人体异味；对提高皮肤的湿度和增加体表微循环，有着明显的效果	保暖内衣
吸湿透气面料	持久舒爽透气，冬暖夏凉，具有容易洗涤、洗后不变形、易干、面料轻而软、不用熨烫等特点	运动内衣
甲壳素纤维面料	具有抑菌性、吸湿性、排湿性、良好的生物相容性和可降解性；纤维强度低，可纺性差，混纺比例偏低	婴儿服、各种内衣裤、医疗用品等
竹炭纤维面料	具有吸湿、放湿功能，自动调节人体间湿度平衡；具有强劲的吸附能力，能吸附空气中的有害物质，并消除不良异味；能消除体臭和空气中的不良异味；是会呼吸的天然原料	内裤等各种内衣
超细纤维面料	是指纤维线密度在0.33dtex以下的纤维，又称微细纤维，以丙纶、涤纶、锦纶为主。这些面料有较好的吸湿性、透气性、抗污性、悬垂性和柔软滑爽的特点，是现阶段较为流行的内衣面料	内衣和内裤
珍珠纤维面料	吸湿透气、服用舒适；手感柔软、光滑凉爽；具有清火祛毒、抗紫外线的功效	各种美体内衣

3. 根据内衣面料的制造工艺分类

(1)网布

网布分弹力和非弹力两类。弹力网布的回弹度和网格的疏密度各有不一，高弹力网布是重型内衣、束身衣和束裤常用的材料，这种材料弹性较强，网孔较大，通常以两三层重叠使用，以加大矫形的力度。网布也有很多花饰工艺品种，如印花网布、提花网布等。

(2)花边

花边是内衣重要的装饰物,常作为内衣面料直接使用于某些特殊部位。最初的花边是由人工用不同编织技术将纱线交缠或用不同的方式绣制而成。花边丰富的结构造型、图案和色彩受到人们几个世纪的追捧,因而被一代代地传承下来。现代的花边除了有手工编织和机器制造之分、刺绣和蕾丝之分,还有宽窄之分、弹力和非弹力之分。宽的花边有 10cm 左右,可以裁开装饰在内衣的各个部位;窄的花边只有 1cm 左右,通常缝在内衣边缘和内侧,或充当“橡筋”的功能。花边价格较高,是内衣材料中最贵的品种,因此,花边的使用位置和面积大小直接影响内衣的成本。但由于花边的形式、组织结构及色彩繁多,所以,对内衣的款式和色彩具有一定的开发性。

应用较广泛的三种花边为:利巴花边、拉舍尔花边和刺绣花边。

①利巴花边:1813 年诞生于英国, 当时完全依赖于娴熟的技巧与丰富的经验来制作。今天,在花样设计和编织技术方面使利巴花边具有不同的伸缩率,表里两面使用不同素材的花边,富有立体感,优雅而奢华。

②拉舍尔花边:其花纹精致、手感柔软、穿着舒适,生产效率较高,组织变化丰富,层次分明。无论是在尺寸、图案还是色泽方面,都表现出极佳的外观效果。拉舍尔花边种类多样,可分为衬纬型、成圈型、压纱型、贾卡簇尼克型以及特克斯簇尼克型。

③刺绣花边:刺绣是一门历史悠久的传统手工艺,随着机器工业的发展,它与机织蕾丝一道,在女式内衣上装点出无数绚丽的图案。刺绣有很多种,采用薄纱刺绣在文胸、吊带裙最明显的位置即正面上半部的形式较多。刺绣花边最突出的特点是表现为大朵的花卉和鲜艳的颜色,具有强烈的视觉效果。

以上三种花边的特点和区别见表 1-9。

表 1-9 三种常用花边

内容	利巴花边	拉舍尔花边	刺绣花边
外观	由最多 200 根花样线和最高可达 20000 多根网线编织的花样,花边立体感和细腻感强	花样用线 70 多根,但在多花样表现上仍有局限性,目前相比利巴花边尚略逊一筹	完美再现花样设计风格,并可通过调节针迹数,使花样的细微之处及立体感得到充分的体现
使用的纱线	锦纶、涤纶、棉、真丝、人造丝、醋酯纤维、毛、腈纶、氨纶(弹力丝)等,任何一种纱线都需 300 捻/m ~ 1000 捻/m 的捻度。就线的粗细而言,底线以 3.3 ~ 7.8tex(30 ~ 70 旦),LINER 纱线和 GIMP 纱线以 7.8 ~ 133.3tex(70 ~ 1200 旦)为主	可用纱线的种类与利巴花边相同,且没捻过的纱线也可以使用。因是高速运转、高精度的机器,如果长期使用易产生毛羽的棉线,容易损坏机器。就纱线的粗细而言,底线以 3.3 ~ 7.8tex(30 ~ 70 旦),LINER 纱线和 GIMP 纱线以 5.6 ~ 66.7tex(50 ~ 600 旦)为主	表线常使用人造丝,里线为棉线,底布以尼龙绢网的组合面料为主,也使用全涤纶面料等。刺绣花边可使用的纤维原料范围很广。设计开发前景广阔,极具潜力

续表

内容	利巴花边	拉舍尔花边	刺绣花边
编织	若使用的原线有误，可能导致上机后产生故障。机器结构简单，有必要经常对各部位进行调整。调整稍有误差，都会造成断线或图案变形，操作、管理和检验程序都需严谨	超多枚拉舍尔机，几乎是不用人为地调整就可以正常运转的机器。只要使用的纱线和花样准确无误，开机后很少出现故障。有计算机控制的机器，可进行高速生产	计算机软盘操作使花样编织和变更等操作程序更加便捷。可满足小批量、多品种、短期交货的需求
加工整理	为清除编织机器上的油、黑铅等润滑剂及灰尘、污垢对花边的影响，首先要进行精炼加工，然后染色、整理。根据编织原理织成的花边常有向一方偏斜的倾向，需要由熟练工进行拉幅定型整理	与利巴花边相比，机器上的污垢要少得多，但为实现物理性的稳定，仍需进行净洗，然后染色和整理。纵向编织结构，由于是计算机控制，其张力均匀且较稳定，因而使用普通操作程序定型加工就可以了	在编织工序中几乎不产生油污等杂质，为确保物理性的稳定，仍须进行精练加工后，再染色、整理
总体效果	应用编织原理编织的利巴花边，需要花费大量的时间和人力。依靠机械调整、原线选定、花样编织等所有工序的操作，可以不断编织出完美的作品	拉舍尔花边是具有选择面宽、编织效率高、花样美观等多种特性的高生产性花边。能不断编织出可满足各种需求的美丽花边	生产水平高，后加工尚有许多环节要依靠手工完成。刺绣花边可使用多种材料，能再现设计师的灵感和风格，充分体现刺绣花边的细腻、崭新度

二、内衣常用辅料

内衣辅料对内衣起衬托、联结、缝合、装饰以及标识等辅助作用，包括衬垫材料、钢圈、绳带、橡筋、搭扣、标识牌等，见表 1–10。

此外，海绵罩杯(模杯)是内衣辅料的重要组成部分，制作工艺性较强，这里特别介绍一下其操作过程，具体如下：

(1)将大块的海绵经过机器切割成直角的长方块。海绵因光照容易变黄，必须用黑色塑料袋包装切割成形的海绵。

(2)用电脑挖棉机或半自动挖棉机对海绵方块进行挖棉切割，挖割成海绵罩杯胚。

(3)根据不同的款式设计要求，制作出相应的铝材质地的罩杯模具。

(4)将海绵罩杯胚放在罩杯模具上，一同放置在压模定型机上压模。根据海绵的厚度和质量，确定压模的时间和温度，一般温度在 150~240℃的范围。压模的

表 1－10　内衣常用辅料

<table>
<tr><th>名称</th><th>分类</th><th colspan="2">特点、作用及注意事项</th></tr>
<tr><td rowspan="2">钢圈</td><td>软质</td><td>软质钢圈较窄，适合胸部比较小的女性</td><td rowspan="2">钢圈的材料分包胶钢圈和不锈钢钢圈两种。用于文胸和束衣前片、乳房的下托，是内衣造型的基本构架之一。有归拢和支撑胸部的作用，使女性的胸部更有形、更丰满。钢圈在缝制时要用双层面料包缝，并在两头打结，确保牢固。内衣结构不同，心位的高低、侧位的宽窄也就不同，决定所用的钢圈形态和规格有差异。不同规格的钢圈，能满足不同尺寸和体型的需要</td></tr>
<tr><td>硬质</td><td>硬质钢圈相对较厚，适合胸部较丰满的女性</td></tr>
<tr><td>捆条</td><td></td><td colspan="2">捆条是用 40 针或 20 针的软纱衬在杯罩的棉衬下，用三针机拼接缝纫用的辅料，起到固定杯罩形状的作用</td></tr>
<tr><td>织带</td><td></td><td colspan="2">织带包括橡筋、包边筋、肩带、丝带等。橡筋又称花牙丈根，带宽尺寸约 1～1.2cm，有较强的弹性。通常用在文胸的上捆边、下捆边及束裤的腰部，具有包边的作用。因其厚实和耐磨的特点，具有一定的支撑作用</td></tr>
<tr><td>边纶</td><td></td><td colspan="2">缝制在钢圈、胶骨和鱼骨底部的衬布。由于其紧贴人体，质地要求柔软适体、牢固耐磨，以防钢圈、胶骨穿出戳伤人体</td></tr>
<tr><td>定型纱</td><td></td><td colspan="2">呈尼龙网状，轻薄、透明、无弹性，用于文胸的前片、束裤的腹部和两侧、紧身衣的两侧及前后腰部等需要固定的部位。将定型纱缝制在面料的下面，以防止面料出现伸缩的现象</td></tr>
<tr><td>鱼骨、鱼鳞或蛇形骨</td><td></td><td colspan="2">用小金属钢圈套穿制成，其宽度在 0.8cm 以内，长度在 10～25cm 不等。韧性较强，比胶骨柔软，适合在长身束衣和腰封上使用，穿着舒适、束体。连身文胸在破缝和侧缝上使用鱼骨，便于支撑衣服的下缘，起到固定外形的作用</td></tr>
<tr><td rowspan="2">胶骨</td><td>半透明</td><td>较薄，可以直接车缝</td><td rowspan="2">是一细窄条的塑胶制品。其宽度不超过 0.6cm，长度从 3～12cm 不等。有一定的韧性和强度，用于文胸和束衣的侧缝，起到支撑、收缩和保持身体曲线的作用</td></tr>
<tr><td>不透明</td><td>较厚，无法车缝</td></tr>
<tr><td>肩带</td><td></td><td colspan="2">通常有双肩带、透明肩带、活动肩带、宽窄肩带。由专业的织带厂根据内衣的色彩加工出成品肩带，可以根据不同的长度需要进行裁剪缝合</td></tr>
<tr><td rowspan="2">肩带扣环</td><td>活动肩带</td><td>其扣形如“9”字形，一头是活口，肩带可以拆下</td><td rowspan="2">是肩带和内衣连接的部件，肩带扣环用于调节肩带的长短，其造型设计与款式风格保持一致，也可配套设计成其他造型作为附件随产品销售或赠送</td></tr>
<tr><td>固定肩带</td><td>其扣形如“8”字形，肩带无法拆卸</td></tr>
<tr><td rowspan="3">扣件</td><td>钩圈</td><td colspan="2">是文胸、束衣裤等的常用扣件。文胸的钩圈有单扣、双扣及多扣之分；内衣的钩圈常用在后片中心位置；连体文胸的扣件最长，从胸围线到下摆；内衣的扣件通常有三排，每排间距 1.2cm，主要起到调节内衣松紧的作用</td></tr>
<tr><td>胸前扣</td><td colspan="2">是用于前中鸡心位的一种扣件，既有扣件的功能，又有装饰的功能</td></tr>
<tr><td>子母按扣</td><td colspan="2">方便人体穿脱连身内衣，具有调节松紧的功能</td></tr>
</table>

续表

名称	分类	特点、作用及注意事项
衬垫		主要有海绵、胶棉、气袋、水袋等，用于胸部、臀部，使其更加丰满，以达到塑身的效果；其中海绵是衬垫材料中运用最多的
缝纫线		种类繁多，要求有较高的拉伸强力，并且尺寸稳定性好；应尽量与内衣面料性能一致
花牌		亦称花仔。是内衣上唯一的纯装饰物，造型精致小巧，通常与内衣商标钉在一起；用0.3～0.5cm的缎带制成各种形状的小蝴蝶结或用小珠钉成的小爱心结，饰在前胸心位上沿
产品标识牌	商标（主唛）	是缝合于产品内里显眼位置上的品牌标志。商标的主要内容是品牌Logo，即商标注册图形，也可以将公司名称放入商标。其材质有多种，一般以人造丝提花织造为主，称为织标；也有以人造丝带印刷的，称为印标，其档次较低，商标的外观应该简练、醒目、精致，给人留下好的印象
	洗涤标（洗水唛）	是缝合在产品内里不太显眼处的产品洗涤说明，起到向顾客传递该产品的正确洗涤方式的作用。服装面料种类繁多，洗涤方式也各不相同，正确的洗涤方式是保持产品售后品质的重要环节，很有必要向顾客说明。虽然有的吊牌上也有说明，但吊牌不会一直保存，应该以缝合在产品上的洗涤标为准，它也是产品因洗涤原因而引起质量问题时的索赔依据。洗涤标上主要包括：洗涤方式、干燥方式、熨烫方式等内容
	成分标（成分唛）	是缝合在产品内里不太显眼处的表示产品材质成分的标志，包括面料成分和里料成分。成分标上的内容不是随意标注的，而是要与权威性质检机构的检测报告一致，否则，将会受到工商部门的处罚或消费者索赔。有时，成分标不以独立的标志形式出现，而是与洗涤标或号型标印制在一起
	号型标（尺码唛）	是缝合在产品内里显眼处的表示产品尺寸规格的标志。顾客将按照号型标上所标示的号型选择与自己身材匹配的产品，每个品牌都有自己固定的号型系统，目前国内服装企业主要采用GB 1335—1997服装号型标准国际号型系统、美式号型系统和欧式号型系统。号型标通常比较细小，仅1cm^{2}左右见方，一般与商标缝合在一起
	吊牌	是五种产品标识中唯一不与产品缝合在一起的产品标识，可以方便地从产品上取下。其作用仅仅是在销售时向顾客传递商品的基本信息，服装正式开始穿着即意味着吊牌标记使命的结束。吊牌上主要有：货号、品名、成分、价格、产品执行标准编号、质检、品质等级、使用说明、洗涤方式、公司名称、地址、电话等产品信息。形式有单层、双层、折叠式等，配以丝绒或锦纶系襻吊挂在产品的显眼位置上。目前，大型百货商场一般都要求吊牌上有条形码信息

时间和海绵的厚度成正比关系,与海绵的质量成反比关系。

压绵时,还分直接双面粘布压绵和压绵后再缝制这两种加工方法。

(1)直接双面粘布压绵的制作程序(图 1–40)

图 1–40　直接双面粘布压绵的制作程序

(2)压绵后再缝制的制作程序(图 1–41)

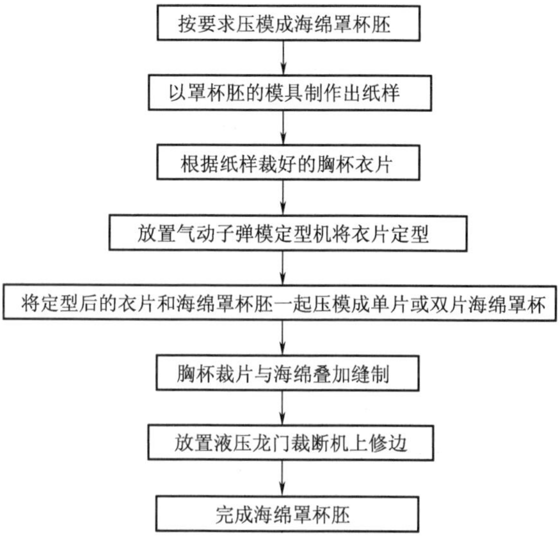

图 1–41　压绵后再缝制的制作程序

思考题

1. 简述中国内衣的发展历程。
2. 简述西方内衣的发展历程。
3. 比较中西方内衣文化的特征。
4. 什么是内衣？内衣是如何分类的。
5. 举例说明内衣面辅料的使用特点。

基础理论——

内衣设计要素

课题名称：内衣设计要素

课题内容：人体体型特征与内衣选择

人体测量

内衣设计思维与方法

内衣设计流程与管理

内衣设计的常用工艺

课题时间：6课时

教学目的：通过本章教学，使学生掌握人体体型特征与人体测量的知识和操作方法，熟练运用内衣设计思维与方法、内衣设计流程与管理的知识，掌握内衣设计的常用工艺和技巧。

教学方式：以教学课件和教师课堂讲授同步进行为主，课堂操作、讨论以及作业训练为辅的教学方法。

教学要求：1．了解不同性别、不同年龄段的人体体型特征及内衣选择。

2．掌握人体测量的知识和操作方法。

3．熟悉内衣设计的思维方式并运用其进行设计。

4．熟练掌握内衣设计中常用的几种工艺手法和技巧。

第二章 内衣设计要素

第一节 人体体型特征与内衣选择

内衣设计的目标是使人体的体型实现完美的造型，因此，了解人体的体型特征，包括年龄和性别特征对体型的影响，可使内衣设计更具针对性、实用性和美观性。

一、儿童体型特征与内衣选择

1. 婴儿体型特征与内衣选择

婴儿(0~1 岁)的体型特征主要表现为头大身小，头颅占全身长的 4/8，躯干占全身长的 3/8，双腿短小，占全身长的 1/8，身高大约是 3. 5~4 个头高，骨骼柔软，无腰，处在身体发育较快、体态变化较大的时期。从生理角度看，婴儿睡眠多，发汗多，溢奶频率较高，排泄次数较多，皮肤特别娇嫩，属于不具备自理能力和自我保护能力的特殊群体。

婴儿内衣的选择以家长的爱好和认识为标准，由于婴儿时期的身体处于快速生长期，家长选择内衣时要注意款式要宽松；棉质面料是婴儿的首选；内衣的色彩尽可能选择白色或浅色，以便及时发现婴儿的便物是否正常。此外，要注意内衣缝制的线迹不能有断线或线头，以免伤害婴儿的皮肤；刚买回的内衣要及时拆掉领子处的商标，以防弄伤婴儿娇嫩的皮肤。

2. 儿童体型特征与内衣选择

儿童的头颅发育早于躯干，躯干则早于四肢。从 2~6 岁，下肢增长加快，大大超过了头颅和躯干的发育；到 6 岁时身体发育的比例较为匀称。童年期正值青春发育的初级阶段，是儿童发育的最后阶段。儿童身体发育的比例见图 2–1。

(1)幼儿前期(1~3 岁)

此时期幼儿体格生长速度比婴儿期缓慢，身高比例大约 4 个头高。从生理角度来看，幼儿好动、出汗多、皮肤娇嫩，能控制大小便，语言、行动与表达能力开始显现。

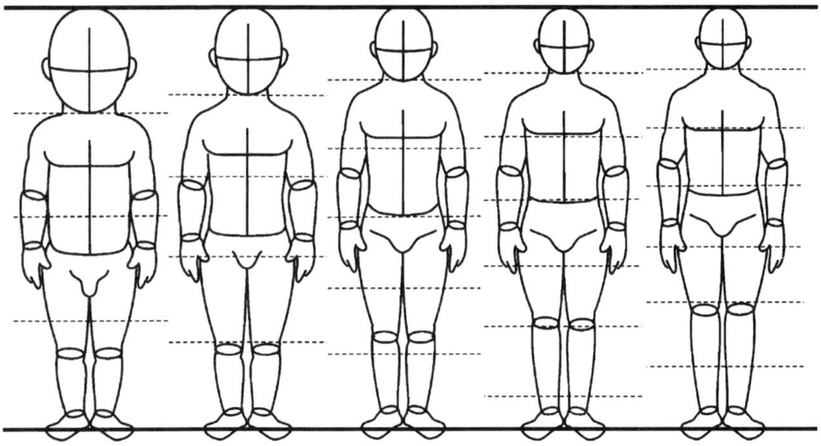

图2-1　儿童身体发育的比例图

(2)幼儿期(学龄前期,3~7岁)

此时期幼儿的特点是生长发育变慢,身高比例大约是5个头高,动作及语言能力逐步提高,能跳跃、登楼梯、唱歌、画图、识字等,显现出好奇、多问的性格特点。

(3)童年期(小学年龄期,7~12岁)

此时期儿童的特点是脑的形态结构基本完成,智能发育进展较快。12岁时身高比例大约是6个头高,具备一定的生活自理能力和自我保护能力。儿童青春期初期特征,主要表现为:体格形态的发育突增现象,青春期开始的发育速度以及成熟年龄的发育程度有很大的个体差异、种族差异,就是在同性别、同种族、环境相似的情况下,儿童的发育也有不同。

身体发育的年龄,女孩一般在8~13岁,极少数正常女孩可能推迟到16岁才开始。男孩从睾丸增大开始计算第二性征出现的年龄,一般在9~14岁,大多数为12岁左右,少数可能推迟到16~18岁才开始出现睾丸增大等发育特征。儿童青春期主要发育指标见表2-1。

表2-1　儿童青春期主要发育指标

年龄＼性别	女孩	男孩
8~9	身高突增开始	
10~11	乳房发育开始,身高突增高峰,出现阴毛	身高突增开始,睾丸、阴茎开始增长
12	乳房继续增大	身高突增高峰,出现喉结
13	月经初潮出现,出现腋毛	出现阴毛,睾丸、阴茎继续增大
14	乳房显著增大	变声,出现腋毛

儿童内衣要以安全、舒适、简洁、方便为主，以满足身体活动的生理需求。面料要重视其舒适性和卫生保健功能，色彩上倾向于鲜艳、活跃的颜色，具体还要根据不同年龄段儿童的生理和心理特征来选择，图案主要选用儿童比较喜爱的卡通形象、动植物、花卉、文字等。

儿童内衣的设计与选择还将在第四章作详细阐述。

二、女性体型特征与内衣选择

1. 少女体型特征

少女体型特征主要表现在青春发育中期，是以第二性征发育为主，女孩年龄在 13~16 岁左右称为性成熟期，身体形态发育的速度逐渐放慢，女孩年龄在 17~19 岁左右达到发育成熟的阶段。这一时期对女孩来说生理及心理都处于不稳定期，是一个依赖性与独立性、幼稚与成熟并存的特殊而复杂的时期。

目前，内衣消费人群的平均年龄正趋向低龄化，内衣对正在发育的少女已然是一个不可回避的话题，少女内衣市场是一个亟待开发并需逐步完善的市场。了解少女的生理特征是开发少女内衣市场和设计的基础。

(1)少女乳房较高，乳间距较小，前腋间隔较窄，胸围通常为 65~80cm 之间，胸下围在 50~70cm 之间，乳房轮廓明显，呈较为扁平的皿型。

(2)体型较圆厚，肩部窄，胸廓扁平，腰部收细。

(3)许多少女背部微驼，由于面对自己胸部突起而害羞不敢抬头挺胸，造成背部弯曲，妨碍曲线发展，影响整体仪容。

(4)少女腹部在青春期以后渐平，到了中年才会因为脂肪堆积而微突。

(5)臀部变圆，呈“蛋形”。

2. 成年女性体型变化

女性体型的变化主要体现在从青春期开始，在此之前，事实上女性与男性的体型变化差别不大，没有出现明显的性别差异。

对于女性，皮下脂肪沉积是形成女性特有体型的重要因素。从青春期开始至性成熟期，女性体型逐渐定型。此后，一方面，脂肪组织内进行着旺盛的代谢；另一方面，脂肪在全身的分布也发生变化。随着年龄的增加，皮下脂肪在躯干部，特别是腹部增多，四肢减少，肥胖女性尤为显著。年轻女性，脂肪呈全身性分布，但更年期以后，肥胖女性脂肪明显沉积于躯干部。随着女性年龄的增长，其体型也在发生变化，请参见图 2–2 和表 2–2。

3.胸部形态与胸罩的选择

(1)女性乳房形态与结构

乳房是位于肋骨上称为“大胸肌”的肌肉上面隆起的部分。里面有制造母乳

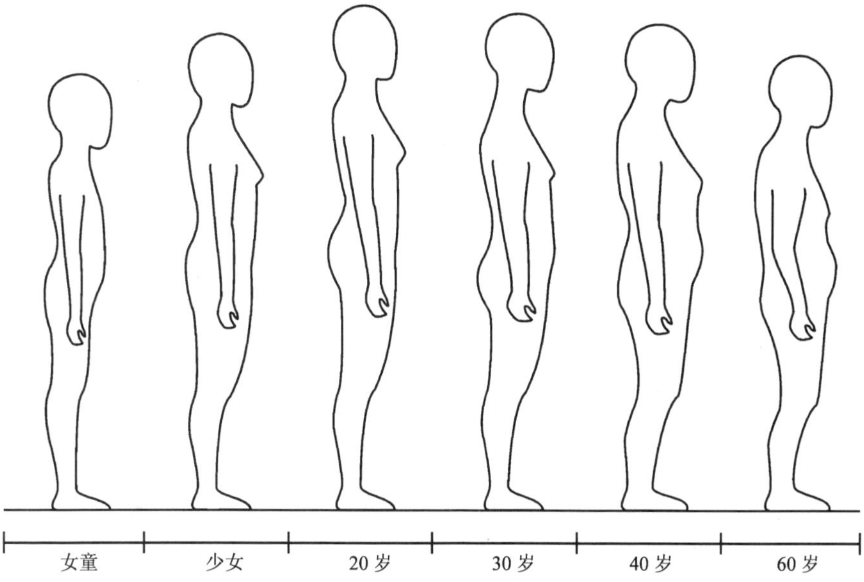

图 2–2　女性年龄与体型变化图

表 2 – 2　成年女性年龄与体型变化表

年龄阶段	体　型　变　化
20 岁	乳房、臀部丰满，成熟女性的体型
30 岁	女性体型的转折点，脂肪开始积聚
40 岁	腰、腹围度增大，很多人因体型变化而烦恼
60 岁	因头部重量的负荷，背脊开始弯曲

的“乳腺叶”和把乳腺叶包住的“皮下脂肪”。乳房的弹力与韧力各有不同，坚韧或柔软度因人而异，而这种弹力的区别并不取决于乳房的大小，是由“乳腺叶的充实程度”来决定的，乳腺叶越充实，乳房便越有弹力。女性乳房的基本形态见图 2–3。

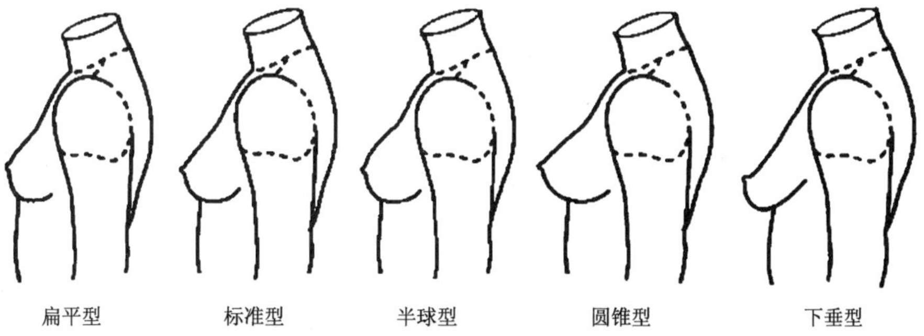

图 2–3　女性乳房形态图

(2)胸罩的选择

①少女胸罩的选择：少女根据乳房的发育情况选择不同类型的内衣式样。少女背心适合乳房发育初期和中期的少女；少女文胸则适合乳房发育成熟，胸部较为明显或较丰满的少女。

②成年女性胸罩的选择：根据女性乳房的底面积和高度特征，我们大致把成年女性胸部分为十种类型，目的是根据不同胸型选择合适的胸罩，对乳房起到支撑和保护作用。见表 2–3。

表 2－3 成年女性胸罩的选择

胸型	乳房特征	胸罩功能选择	杯型选择
胸部扁平扩散型	底面积大，高度低，以东方女性居多，曲线不明显	可帮助胸部肌肉挺实，具有由两侧向内集中的功能以及向上衬托的效果	衬垫型罩杯较浅，肋边加有软条以固定和集中腋下肌肉 1/2 罩杯上缘不受束缚，且胸部外露，面积较大 钢圈型，可沿钢圈部分加半月形衬垫，具有向上衬托的功能，并且可以达到掩饰胸部平坦的效果 3/4 前开钢圈型，有向内集中且向上衬托的功能，适用于长腰胸罩
胸部娇小集中型	底面积适中，高度低，属娇小型胸部	全罩杯无缝可弥补其高度不足，并能达到弧度自然均匀	1/2 罩杯加衬，使胸部显得较为丰满 3/4 罩杯加衬，向内集中，呈现乳沟，胸部显得高挺而丰满 长腰有衬胸罩，腰围压缩，使胸部显得高挺
胸部适中扩散型	底面积大，高度适中	以钢圈型及肋边加有软条或松紧网状伸缩面料，来加强集中效果	罩杯选择有衬或无衬的均可，选择正确尺码及正确罩杯容量 针对外衣的需求来选择罩杯的高度
胸部适中集中型	底面积适中，高度适中	最容易选择内衣的款式，故不用考虑到功能问题，此种胸型是女性最希望拥有的	不挑造型，可凭自己喜欢挑选有衬或无衬，厚衬、薄衬皆可 选 3/4 薄衬显得更具魅力
胸部丰满扩散型	底面积大，高度较高，有肥胖感	此种胸型需避免选用角度型的胸罩，尽可能选择包容性较好的全松紧产品，起支撑和集中作用	钢圈型圆形罩杯，肋侧加软片双重挤压肋部，缩小双乳之间的距离 为加强支撑效果可选择较宽的罩杯，避免使胸部看起来太大，过度的压抑反而显得臃肿
胸部丰满集中型	底面积适中，高度较高	宜用功能性产品，罩杯大且深、伸缩性好的无衬钢圈全罩产品	选择不紧勒而又能完全包容整个胸部的水滴式罩杯，可掩饰缺点 无衬钢圈可使胸部保持均衡且有安全感

续表

胸型	乳房特征	胸罩功能选择	杯型选择
胸部丰满下垂型	底面积大，高度较高，肌肉松弛	避免 1/2 和 3/4 罩杯；适合包容性和支撑力强的硬质钢圈，使胸部更显挺实	无钢圈型可选底面积大，下罩杯有半月型衬垫的罩杯，替代钢圈作用，其支撑效果较好，或下罩杯加胸挡线，有向上支撑效果
胸部适中下垂型	底面积适中，高度高，乳房肌肉松弛，位置低，以生育过的女性居多	宜用钢圈型或半月衬垫加以衬托，由下向上的支撑，可使位置提高	避免 1/2 和 3/4 罩杯 选购时可考虑大一号的罩杯
前胸高耸娇小型	上胸围与胸围差距较小，胸部外观感觉比实际娇小	不够丰满者可选前开 3/4 钢圈型罩杯，以集中的效果使乳房高挺	可在罩杯内加半衬垫，以提高挤压功能，使乳沟明显
前胸高耸丰满型	上半身较浑圆肥厚	无钢圈的胸罩，采用全伸缩款式较好，把乳房周围的赘肉集中在罩杯里，使乳房有平衡的效果	丰满者如胸罩穿着不当，容易使乳房走样 选法国水滴式罩杯，使胸部轮廓更为明显，保持乳房健美的形状

4. 女性束衣、束裤的选择

女性的体型不理想时，需要通过穿着束衣、束裤来调整身体的廓型，因此，了解女性的体型特征与束衣、束裤的功能选择相当重要，见表 2–4。

表 2－4　女性束衣、束裤的选择

体　型	特　征	功　能　选　择
小腹微凸型	东方女性多属此类，以长时间坐办公室缺乏运动者，或生育过的女性居多，此体型会影响外衣穿着时的美观效果	前片有收腹束腰的作用 高腰束裤强调前片裁剪效果 长腰胸罩搭配束裤，可避免因束裤高度不够而使赘肉往上挤出，使曲线出现不规则的部位；全身束衣的制作可选择有加强腹部收缩的裁剪工艺
臀部扁平型	变化小，无曲线的臀部	为使臀部显得丰满圆润，可选提高臀部的适体裤 长裤型的适体裤能从大腿以上衬托支撑，使臀部看起来较为丰满圆润，加臀部衬垫效果更明显
臀部下垂型	年龄在 25 岁以上的女性，会有肌肉渐渐松弛、下垂的现象，及时补整有提高作用	可选后臀有裆布的束裤，它可以起到向上支撑、提高的作用 长裤型束裤，可防止肌肉往下挤出 长裤型全身束衣，可修饰全身并提高臀部，使曲线自然、浑圆

续表

体　型	特　征	功　能　选　择
大腿较粗型	大腿外侧是脂肪最易沉积的部位，大腿明显粗壮	长裤型束裤具有收缩腿部功能，两侧采用双层设计，能均匀地束缚住赘肉，使大腿显得匀称
臀部较丰满型	适当的丰满是女性的魅力，臀部过于丰满和宽大，则外观不雅	选用一般型及长型带裆布的束裤，具有收缩及支撑臀部的作用 选用前、后及侧部均有加强收缩作用的长型束裤
腰部较粗型	腰线不明显，腰围与臀围差值极小，表现为桶型	束腰能使该体型的腰部显示出曲线； 高腰束裤能修饰腰线 全身束衣可修饰整体曲线，使其腰身明显

三、男性体型特征与内衣选择

1. 男性体型特征与变化

少男体型特征主要表现在青春发育中期，是以第二性征发育为主。男孩年龄在 14~17 岁时，身体形态发育的速度渐慢；18~20 岁时，处于发育成熟阶段。此时，男孩的身高、体重、肩宽、骨盆宽迅速增长，其中身高和肩宽的增长最为显著，显现出成年男子的身材。

成年男性体型变化是因男性的活动量大，肌肉的运动功能迅速提高，肌肉越来越发达，体重也随之增加。随着年龄增长，男性的肩部、胸部和背部肌肉突增幅度较大。运动素质如速度、耐力、下肢爆发力、协调性、灵活性等的提高也与形态、功能的发育相一致，各项指标均随年龄的增长而提高。

2. 男性生殖器官

男性生殖器官分内外两部分。内生殖器包括睾丸、输精管和附属腺；外生殖器包括阴囊和阴茎。这些器官在青春期前发育非常缓慢，进入青春期后，在促卵泡生成激素、促黄体生成激素及雄激素的作用下，开始迅速发育，其速度远远超过其他系统，见图 2–4。

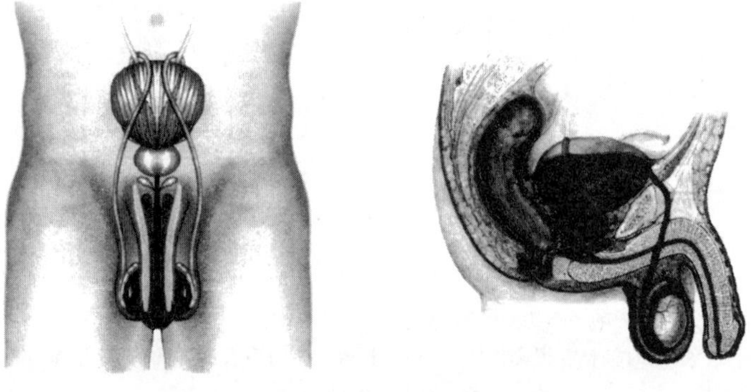

图 2–4　男性生殖器官图

男性的体型特征使男式内衣的结构不同于女式内衣，特别是内裤。男式内裤的前面有三条分割线，形成了具有一定包容作用的结构，容纳男性生殖器官。

3. 男性体型分类与内裤选择

男性的脂肪细胞会随着年龄的增长而有所增加，荷尔蒙的变化和新陈代谢的减慢几乎让所有男人在30岁以后体重都要增加，男性皮下脂肪集中在腹部。男性体型分类与内裤选择见表2–5。

表2–5　男性体型分类与内裤选择

体　型	特　　征	适宜内裤款式
肥胖型	高、胖，大腿处脂肪多	出汗多，穿简便式三角裤便于排汗
理想型	胖瘦适中、肌肉强健有力	三角裤、平脚裤
瘦高型	高、瘦或缺乏脂肪、肌肉	三角裤

男性不宜选用过紧的内裤，过紧的内裤不仅影响排汗，而且容易引发皮肤病和前列腺炎。男性选择内裤还直接影响外衣的造型，如瘦高型男子穿薄料长裤慎穿平脚内裤，以免因内裤裤腿布纹褶皱引起外裤的不平整。

四、男女体型特征比较

男女体型特征有着较大的差异，主要体现在颈肩部、胸廓部、腰部、臀部和四肢的造型上。男性躯干部上大下小，肩部较宽而臀部较窄，同时具有粗壮的骨骼与健硕的肌肉。女性躯干部上小下大，乳房突出，腰线较长，臀部较宽，股骨和大转子的结构比较明显。男女体型特征比较见表2–6。

表2–6　男女体型特征比较

身体部位	男性体型特征	女性体型特征
颈肩部	颈部形体方正，肩宽平阔	颈部上细下粗，整体细长，肩窄且肩斜度较男性大
胸廓部	胸廓长、宽厚，腰际线位置低	胸廓短、窄、薄，腰际线位置高
腰部	胸廓部下边缘至髂嵴的长度略短于女性	胸廓部下边缘至髂嵴的长度略长于男性
臀部	大多肩宽于臀	臀下弧线位置较低，肩臀等宽
四肢	上肢、手足显粗壮；下肢显得长而健壮	上肢、手足较修长；下肢显得粗短

从整体上看，男性的形体给人一种下压、沉重的感觉；女性的形体给人一种上升、轻盈的感觉，呈现出柔和优美、外表圆润的女性特征。男女体型特征比较图见图2–5。

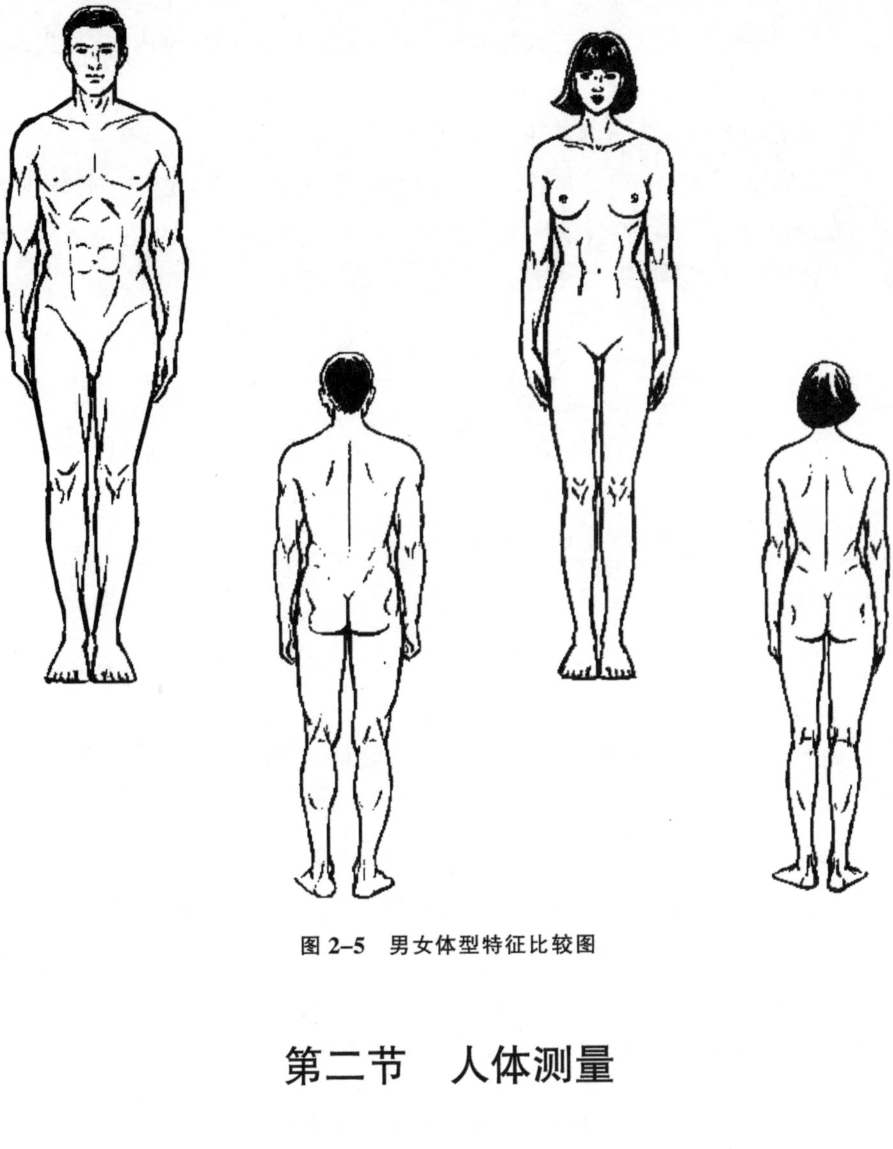

图 2–5　男女体型特征比较图

第二节　人体测量

人体测量是内衣款式设计、结构设计的必要前提，是制定内衣号型规格标准的基础。掌握人体测量的基本知识能使设计人员用精确的数据来体现、把握人体各部位的体型特征，使设计出来的内衣能适合人体体型，达到穿着舒适、外形美观的效果。为实现内衣产品的舒适和美观的要求，人体测量的工具与方法，特别是测量方法是内衣设计、打板和生产制作前十分重要的基础性工作，测量工具一般选用以厘米为单位的软尺。

一、人体测量注意事项

(1)被测者穿好合适的内衣，测量的松紧度以不使人体表面凹陷为准，软尺不宜过紧或过松，做到精确无误。

(2)被测者应抬头平视前方,立正站姿,双臂下垂,呼吸自然。

(3)测量者应该注意具体的测量目的,根据款式设定合理的放松量。

(4)在测量时,测量尺寸要区分批量生产与量体定做,不同的情况对于内衣的相同部位测量的尺寸是不一样的。

(5)测量完毕后进行数据综合分析。

二、人体测量的基准点与基准线

人体测量要依据人体的体型特征和活动规律,用科学、规范的测量方法进行测量。在人体表面确定一些点和线,作为专业通用的测量基准点、基准线,用于围度和长度测量的基础。在测量和纸样绘制中它们起到辅助、参照和确定的作用。具有明显性、固定性、易测性和通用性等特点,不因时间、生理变化而改变。人体测量的基准点和基准线见图 2–6。

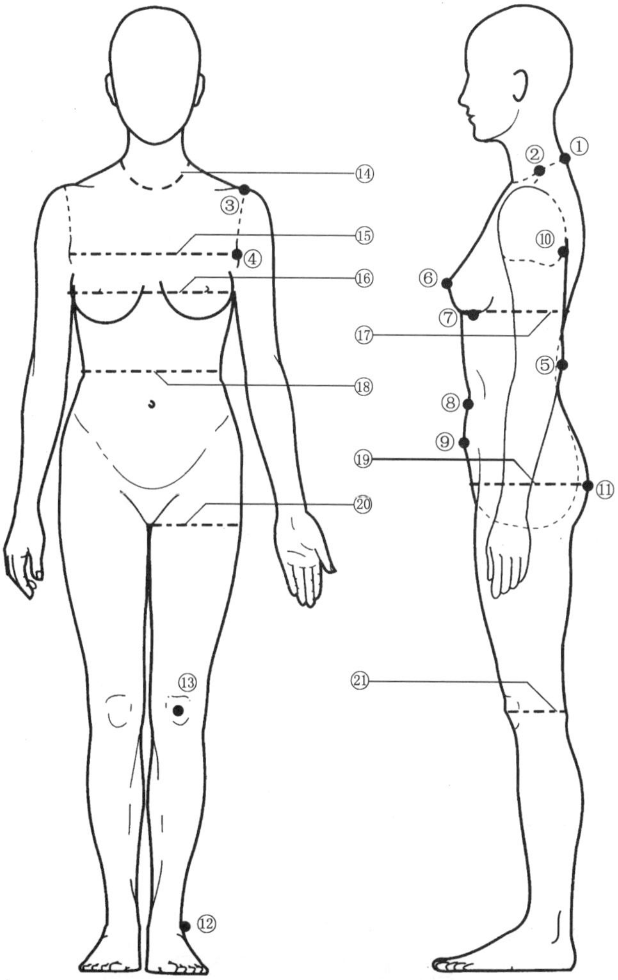

图 2–6 人体测量的基准点和基准线

1. **基准点**

①第七颈椎点:颈后第七颈椎点。

②侧颈点(肩颈点):位于颈侧面根部与肩线的相交处。

③肩点:指肩部的两端端点。它是确定衣袖袖山的基准位置,也是测量肩宽和袖长的基准点。

④前腋点:人体手臂下垂时,位于臂根与胸交接处的点,是测量胸宽的基准点。

⑤肘点:上肢关节向外最突出点,也就是上肢弯曲时最突出点。

⑥乳点(乳峰点):乳房最高点,是确定胸省长度和大小的参考点,也是测量胸围的基准点。

⑦乳底点:乳点垂直线与乳房轮廓线下边缘的相交点,它是测量下胸围的基准点。

⑧脐点:肚脐的中心,是测量腰围的基准点。

⑨中腰围(腹凸点):腹部中心线上向前最凸出的点,它是测量腹围的基准点。

⑩后腋点:人体手臂下垂时,位于臂根与背交接处的点,是测量背宽的基准点。

⑪臀凸点:臀部最凸处的点,是测量臀围的基准点。

⑫外踝点:踝关节外侧突出的点,是测量裤长的基准点。

⑬膝盖点:膝关节的中心点。

2. **基准线**

⑭颈围线:经前颈点、侧颈点、后颈椎点围绕测量一周。

⑮上胸围线:前腋点处的水平围线。

⑯胸围线:乳点最丰满处的水平围线。

⑰下胸围线:乳底点处的水平围线。

⑱腰围线:腰部最细处的水平围线。

⑲臀围线:臀部最丰满处的水平围线。

⑳大腿围线:大腿根部的水平围线。

㉑膝围线:经过膝关节的水平围线。

三、围度测量

人体围度测量部位与方法见图 2-7。

①上胸围:以前腋点为测量点,水平测量一周。

②胸围:以乳点为测量点,水平测量一周。

③下胸围:以乳底点为测量点,水平测量一周。

④腰围:以腰部最细处为测量点,水平测量一周。

⑤中腰围(腹围):以腹凸点为测量点,水平测量一周。

⑥臀围:以人体臀凸点作为测量点,围绕臀凸点水平测量一周。

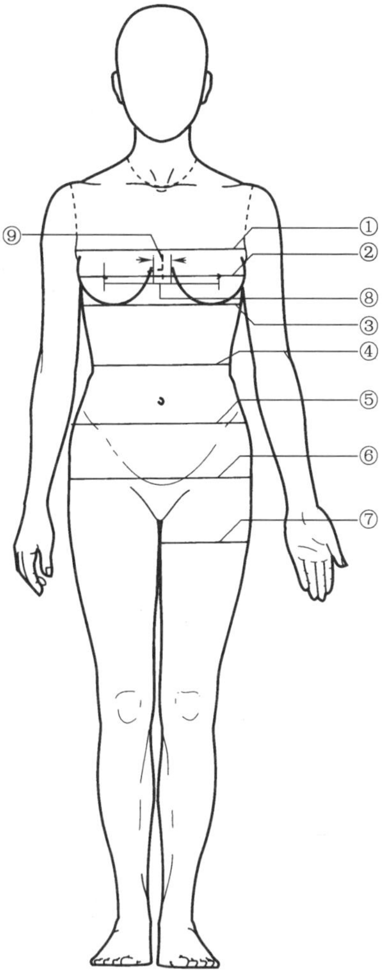

图 2-7　围度测量

⑦大腿围：以股下大腿围最粗处作为测量点，水平测量一周。

⑧乳间距：两乳点间的直线距离。

⑨前中宽：胸围线处乳沟的直线距离。

四、长度测量

人体长度测量部位与方法见图 2-8。

①背长：从后颈点至腰围线，随人体背部曲线的垂直距离。

②肩中点至胸围：从肩中点沿人体曲线至胸围所测的尺寸。

③侧颈点至胸围线：从侧颈点沿人体背部曲线测量至胸围线。

④下胸围至腰围线：从乳底点到腰围线之间的垂直距离。

⑤腰长：从腰围线沿人体侧面曲线至臀围线的垂直距离。

⑥中腰长：从腰围线沿人体侧面曲线至腹围线的垂直距离。

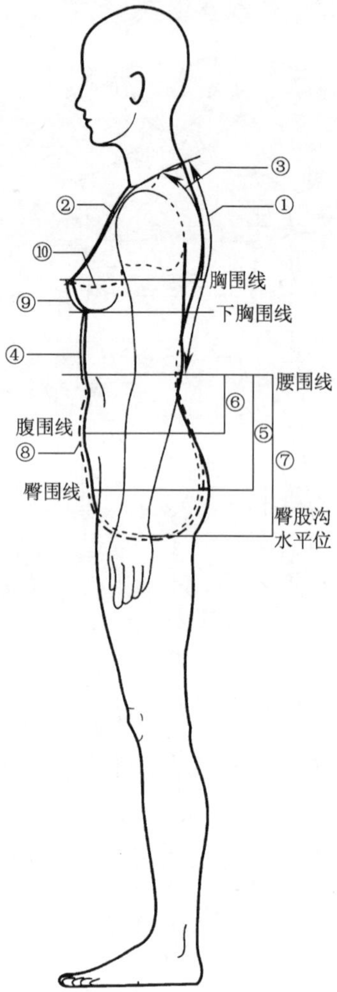

图 2-8 长度测量

⑦股上长：被测者为坐姿时，从腰围线沿人体侧面曲线至臀股沟水平位的垂直距离。

⑧前、后立裆长：从前中人体腰围经过臀股沟到后中腰围线测量的垂直距离。

⑨下杯高：自乳点沿乳房曲线测量至乳房下边缘所得尺寸。

⑩后杯宽：自乳点沿乳房曲线测量至乳房外边缘所得尺寸。

第三节 内衣设计思维与方法

我们需要对内衣设计的思维方式和训练方法有一个了解，以便摸索内衣设计的规律，更好地展示设计构思和主题，继而使设计转化为成功的产品。

一、内衣设计的思维方式

内衣是人的第二层皮肤，其私密性较强，内衣设计的思维取向和方式不应该拘泥于一个方向和一种模式，而应寻求一种新的视角，全方位多角度地进行思考，这种立体性的思维方式已成为现代内衣设计的重要思维形式。立体性思维方式可以概括为正向思维与反向思维、横向思维与纵向思维、多向思维与侧向思维等，其概念、应用和比较见表2-7。

表2-7　立体性思维方式

思维方式	概　念	应　用	两两相比
正向思维	是按照常规去分析和研究问题	在开发内衣产品时，运用正向思维能满足产品的基本功能，比较平稳	正向思维与反向思维是事物的两个方面，两者相互依存、相互转化，若只强调一方面而忽视另一方面，则常常会带来思维上的片面性
反向思维	是反常规去分析和研究问题	反向思维具有突破固有观念的独创性，可以取得独特而立见奇效的造型效果	
横向思维（同时性思维）	截取事物发展中的某一横断面进行比较，在分析研究其“共性”的基础上及时地把握住“个性”特征	通过综合性比较、分析和研究，可以了解同时期、同类内衣产品的发展状况及差异，以取长补短，充实设计的主题构思	横向思维与纵向思维都属于比较性思维，是从事物的横向和纵向两个不同角度进行的思维形式
纵向思维（历时性思维）	侧重于将事物发展中的某些历史阶段加以比较，以了解其发展历史，分析现状，预测未来	通过对不同历史时期内衣文化及发展的比较和客观评价，寻求设计的继承性和延展性，以选择和揭示最新、最合理的内衣设计构思及设计效果	
多向思维	侧重于事物自身领域的研究，对各种不同类型、不同风格产品的造型进行比较和研究，找出异同点及产品的优劣势，进而探讨其造型的可变性和发展潜力，并选择适当的构成法则去进行重新设计	内衣的设计常运用多向思维与侧向思维方式。文胸、内裤的设计深受流行趋势的影响，借鉴休闲服、时装和运动服的设计特点，向休闲化、时尚化方向发展，就是有利的证明。运用多向思维可以突破原有产品造型及功能的界限，及时发现问题并通过多种有效途径解决问题，以取得更理想、更完美的效果。此外，将体育运动、流行音乐、壁挂等艺术的表现方式借鉴到内衣设计上，常常可以获得意想不到的效果	多向思维和侧向思维都是依据事物与事物之间相互联系、多样性的规律，将内衣与服装、内衣与其他造型艺术作为关联的统一体，进行全面分析和综合研究，从而获得某些新的突破点和思维方法
侧向思维	通过本领域与其他领域之间的相互交叉和渗透，加以想象和联想而从其他领域获得某些启示，进而解决本领域内的问题		

二、内衣设计的训练方法

内衣设计在具体的方案实施时，需要运用一些科学有效的方法，使设计构想更加有层次地展开和逐步深入。一般来讲，内衣设计的训练方法建立在设计师运用形象思维和主体性思维基础之上及对内衣整体造型全方位的思考与酝酿的过程中。同时，也是建立在内衣的设计定位、信息把握和市场调研等因素之上。设计训练方法是内衣设计的关键，是决定设计成功与否的主体要素。

在内衣设计过程中，我们常常会运用以下训练方法。

1.同形异构法

同形异构法，是利用同一种内衣的外廓型进行多种内部线条分割的方法，俗称服装结构中的"篮球、排球、足球"式处理（三种球的外形都是圆的，但有着不同的内部线条分割）。运用同形异构法，需要充分地把握内衣款式的结构特征，其线条处理力求合理而有序，使之与外部轮廓构成一种协调的关系，如图2-9所示。

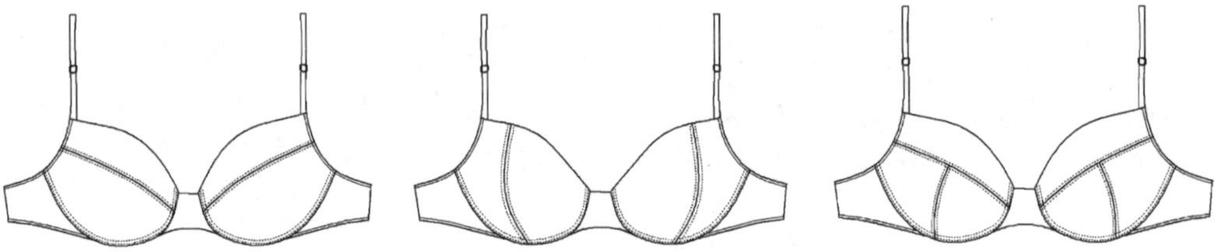

图 2-9　同型异构法示例图

2.局部改进法

局部改进法，其重点是在基本不改变内衣整体外廓型的前提下，对相应的局部结构进行改进处理。需要注意的是，在改进局部结构的同时，与此相关的外廓型也需要作适当的调整，使服装的整体结构更趋于统一和完善，如图2-10所示。

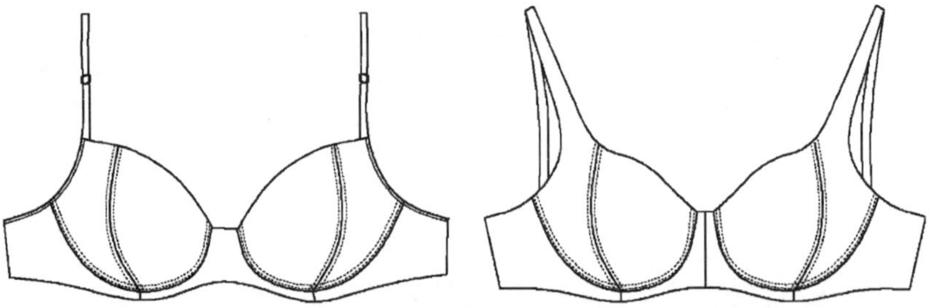

图 2-10　局部改进法示例图

3. 以点带面法

以点带面法，是从内衣的服饰配件着手(作为一个“点”)，继而把握内衣整体造型的方法。例如：从肩带、腰头、各种花饰边、钩扣等装饰材料开始，逐渐过渡到内衣的其他部位，使其都顺应着服装领形(如家居服、睡衣)的感觉和特色去处理。利用结构线、分割线、装饰线的变化，使相同的“线”这一设计符号在不同的位置出现，从而形成呼应，达到节奏美的设计效果；利用面料质感的对比或组合效应进行“面”的形式美设计，以一种面料为主，搭配其他不同肌理的面料，或在一些带有图案花纹的面料中，配以同质感的素色面料等，起到协调和整合一件或一套内衣的效果，如图2–11所示。

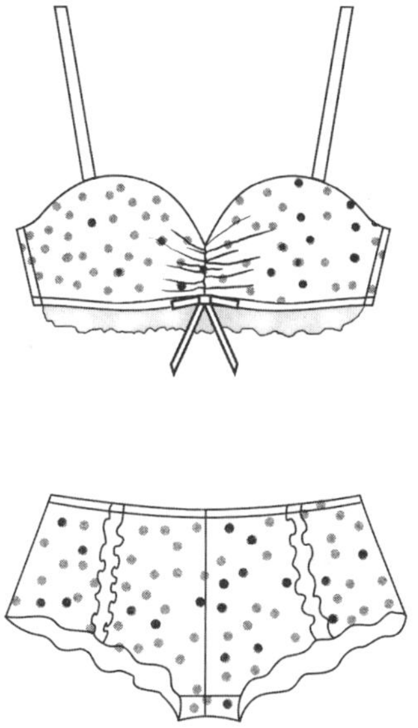

图2–11 以点带面法示例图

4. 素材构思法

素材构思法，是以某一历史时期或某一民族的民间服饰文化为基本素材，借鉴和吸收其中的某些因素(如色彩、配件、装饰风格等)，与现代设计观念和内衣造型相结合，进行综合性设计构思的方法，如图2–12所示。

图2–12 素材构思法示例图

5. 主题构思法

主题构思法，通常选择某种具象的景观或事物为设计主题，如建筑、海滩、森林、花朵、草原、废墟、沙滩、旷野等，根据对这些景观的感觉来构思服装的造型，并通过服装造型的某些因素再现主题的整体感觉。如利用款式的特征、面料的肌理、色彩的配置及配件、图案的处理等加以体现，如图 2–13 所示。

图 2–13　以花朵为主题的主题构思法示例图

6. *意境构思法*

意境构思法，通常以某种抽象的事物为设计主题，如一段钢琴曲、一首抒情诗、一幅风景画、一段芭蕾舞、影视中的某一个画面等，捕捉其瞬间感受并运用抽象思维形式，以某种内衣的造型来体现其美的内涵和意境，使之营造出一种强烈的艺术氛围和审美境界，如图 2–14 所示。

7. *印象构思法*

印象构思法，是凭借对某些事物的印象为启示进行构思设计的方法，如不同事物可能给人华丽、高贵、雍容、端庄、自然、潇洒、活泼、明快等感觉，可以这些印象为出发点，用相应的内衣造型风格加以体现，求得一种内在的神韵相通，如图 2–15 所示。

8. *自由联想法*

自由联想法，是从宇宙间众多的物象景观中激发设计灵感，运用丰富的想象力和创造性思维，通过联想、转换、重组、物化等艺术手法，进行内衣设计训练的方法。

运用内衣设计思维方法的最终目的是产品的创新。创新就是发明一种产品或创立一种程序，从而成功地改变我们原来做事情的方法。创新有两种，即原创式创新和增加式创新。原创式创新是指设计出从未有过类似产品的产品，如无缝内衣，就是生产加工方式的创新；增加式创新是使产品增加新的功能，如含微量

图 2-14　以雾为主题的意境构思法示例图

图 2-15　以华贵为主题的印象构思法示例图

“锗”元素的内衣,能增加对人体的保健功能。创新是循环进行的,成功的原创式创新推上市场后,持续一段时间后,可能又会不断地产生增加式的创新产品。

综上所述,内衣设计的训练方法是多层次、多角度的,是交叉性和综合性的,是从宏观到微观的系统设计工程,它涵盖了艺术设计的多种造型因素。因此,要求内衣设计师在具体的设计方案中,以人们的实际需求为本,以服装的性能特征为依据，注重内衣设计各个要素之间的相互关联、相互衔接和相辅相成的整体性,形成一种有规律、有序的内衣整体观念。另外,内衣设计在构思阶段,常常是反复认识、反复思考、反复推敲的过程,就这种设计过程来讲,不变因素是相对的,可变因素是绝对的。在没有最终确定设计方案之前,随时有可能改变和调整已有的设计构想,以便取得最完善、最理想的设计方案。

第四节　内衣设计流程与管理

当内衣设计定位的各种因素都确定之后,即可进入产品设计阶段,这个阶段是以设计师为主体的环节,也是最具实际意义的一个环节。设计工作开始之前,设计师首先要明确目标客户和设计项目的要求、目标和任务,分析、梳理和撰写设计任务的提纲,然后,收集、准备和整理出与设计相关的基础资料目录。在得到上级主管的确认后,再逐步进行落实和实施。内衣设计目标工作的制定,见表 2-8,内衣设计流程,如图 2-16 所示。

表 2－8　内衣设计目标工作一览表

序号	制定内容	细　　节
1	设计项目的要求和目标	季节、风格、设计主题、数量等
2	完成任务时间表(包括时间期限、时间的分配方案)	市场报告、搜集资料(包括流行趋势、色彩、款式、图案、工艺及其样本)、面料样品采集、设计方案的制定、成本预算、效果图的绘制、讨论会、样衣制作、设计宣传册策划和拍摄、展示会的策划与实施、批量生产的情况、销售信息反馈等
3	设计操作步骤表	用文字、图表的形式
4	工作总结	用文字总结设计过程中的经验和得失

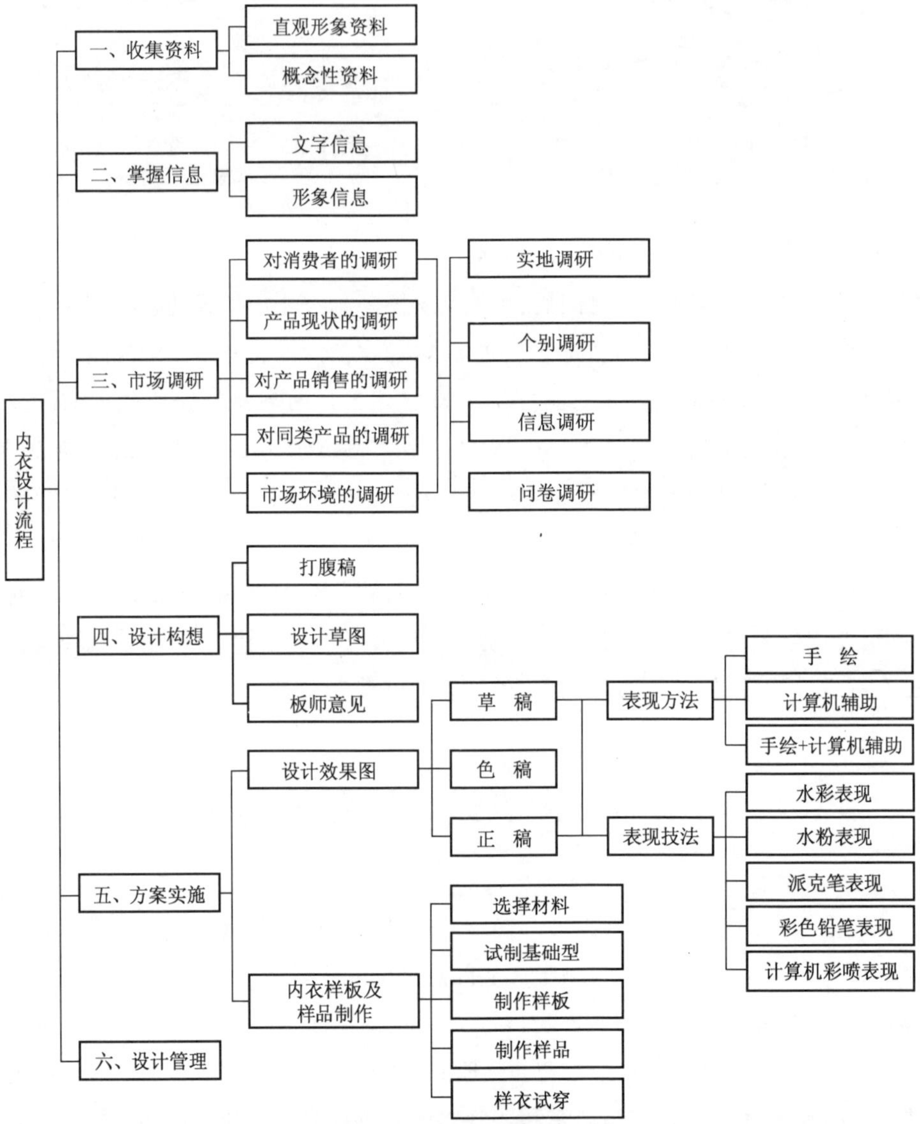

图 2–16　内衣设计流程

一、收集资料

内衣资料的收集主要有两个方面：一个方面是以观赏为主的直观形象资料，其中包括动静态展示、专业杂志、画报、录像、影视、幻灯及照片等；另一个方面是以文字为主的间接的、概念性的资料，其中包括哲学、美学、文学、艺术理论、中外内衣史论及相关刊物中的有关文章。

以上两个方面的资料都需要平时认真查阅和研究。我们强调设计的内衣产品要有文化内涵，平常不积累相关的文化理论知识，就很难在瞬间提升内衣产品的整体档次。此外，内衣资料要充分体现其设计过程中的使用价值，必须用一定的科学方法对已有的资料进行有序地整理和存档。只有对资料进行分门别类地编辑、标号、归档，使之条理清晰，使用起来才会便利而有效。

以少女文胸和背心的设计为例，应经常关注少女们喜爱的动漫杂志、电视剧、体育节目、娱乐电视、流行音乐、小说以及崇拜的明星等，到不同类型的学校了解她们关注的话题，从中提取有效的信息资料，作为少女内衣设计的参考资料。

二、掌握信息

及时掌握各种流行信息，是设计师进行现代内衣设计的重要环节之一。内衣的信息主要是指国内外相关的最新流行资讯及趋势，包括文字信息和形象信息两种形式。信息与资料的区别在于：前者侧重于还未发生的、超前性的有关内容，而后者侧重于已经发生的、历史性的相关内容。

收集和提取信息要注重信息来源开发的途径和渠道及其权威性和真实性，使信息的获取更加直接快捷且有价值。对于资料和信息的收集和掌握不能局限于本专业和单方面，而应多角度、多方位地搜寻和掌握与内衣、服饰有关的内容。如最新的音乐、画展等艺术思潮，最新的流行色彩、文化动态，最新的纺织材料、科技成果及纺织、服装机械等。

三、市场调研

市场调研是指运用相应的科学方法和手段，把握和分析市场营销的相关内容，为内衣的设计和市场营销决策提供直接的依据。市场调研的目的就是使设计的内衣产品更加适销对路，使内衣企业创造和获得更大的利润。

内衣市场是内衣企业与消费者之间的桥梁，设计师参加企业组织的由销售、设计等相关部门联合参与的市场调研，并根据企业自身的经营特点，确定市场调研的具体内容及方法，这是设计师获取市场有效信息和参考资料、进行内衣产品设计的重要途径。内衣市场调研项目及内容见表 2–9 所示。

市场调研的操作方法有实地调研、个别调研、信息调研和问卷调研等。企业

表2-9 内衣市场调研项目与内容

序号	调研项目	调研内容
1	消费者	重点调查目标消费群体中有一定主见的消费者，他们对于现有产品的审美需求、购买动机、购买方式及对产品优劣的评价，具有一定的代表性
2	产品现状	了解消费者对于现有产品的造型、色彩、面料、工艺以及产品包装、销售手法等方面的意见
3	产品销售	产品营销策略、销售地点、销售渠道、销售人员素质、促销方式以及售后服务等
4	同类产品	将本地区产品与国际、国内其他地区的同类内衣产品相比较，将本季的内衣与往季同类内衣相比较。通过横向和纵向的比较，有利于企业从中把握同类产品的状况，避实就虚，扬长弃短，以确定产品设计的主导方向
5	市场环境	宏观上把握和监控产品市场的周边环境，寻找产品市场的机遇，包括其地理环境、经济环境、人文环境等，为内衣产品策划和市场战略的制定提供理论依据

根据自身产品的销售地区和市场特点来选择相应的市场调研方法。如依之舍内衣服饰有限公司的主要产品在国内各大超市销售，其市场调研的具体操作方法是到国内不同地、市、县级的超市进行实地调研，与各级销售商、消费者进行直接沟通或问卷调研等，收集各方面的资料后，整理出相关数据，经企业组织各相关部门讨论分析后，对日后的产品开发提出指导性意见。

四、设计构想

内衣的设计构想从具体设计方案开始，它是建立在确定设计定位、搜集信息及市场调研的基础之上，是设计师运用形象思维、创造性思维和立体性思维，对内衣整体造型的全方位思考和酝酿的过程。

设计构想的一般流程：最初是设计师打腹稿，记录设计想法，综合运用其他手段完成设计提要的构思，随时记录有关数据、问题和想法，包括图像、样本、参考资料等，然后通过设计草图的形式表达设计理念，一定数量的草图显示着设计师设计构思的广度和深度，内衣设计的最终设计方案也出自这些设计草图之中。为了查询方便，设计草图资料要编号归档，字迹清晰。通过设计草图方案可以清楚地了解设计师的工作进度以及设计理念是如何实现的。最后，设计草图的推敲和筛选过程，在这个过程中，打板师和工艺师的参与及意见是设计产品最终可否进行制作的关键，是不可少的技术咨询环节。

五、方案实施

1. 设计效果图

设计效果图是根据具体的设计要求，在大量的设计草图基础上，经过几轮推敲和筛选而确定的最佳设计方案之后，绘制出的正规的内衣设计效果图。它是以绘画艺术为手段来表现内衣造型的款式结构、色彩配置、面料搭配、服饰配件及整体着装的直观平面效果展示。设计效果图要特别注意对于内衣的结构、工艺特征、配饰和细节，都应清晰、明确地表现出来。

绘制过程中的草稿阶段应对内衣的款式和结构特征、人体姿态、人体与服装的内在关系等方面进行反复修正；色稿阶段应运用服装色彩的艺术规律，尝试多种色调的配置；正稿阶段可根据产品的风格和设计师的喜好采用恰当的表现方法，以充分表达内衣的造型特征、结构特征、工艺特征、设计细节、材料质感和内衣的整体着装效果为宗旨。此外，内衣设计效果图中应该附有内衣款式正反面的结构平面图和必要的文字说明等。

2. 内衣样板及样品制作

内衣样板的制作是指根据内衣设计效果图所表现的内衣造型特征及其着装效果，选择适当的面料和辅料，通过平面裁剪、立体剪裁或两者结合的裁剪方法，采取恰当的缝制工艺来实施设计效果，使之具象化和实物化。

(1)选择材料

内衣材料的选择包括内衣的面料、辅料以及配件材料等，其中面料和里料直接影响着内衣造型的特征。因此，面料和里料的色彩、质感、垂感、图案等应该与设计效果图的风格相吻合，辅料和配件材料的选择也力求与设计效果图的要求相匹配。此外，选择材料时要控制材料的价格，使之与内衣的成本预算要求、品牌市场销售价位一致，使内衣新产品顺利进入销售市场。

(2)试制基础型

试制内衣的基础型是指在正式制作成衣之前，由制板师用白坯布先试制内衣的基础型样衣。在内衣设计中，其设计效果图是无法充分表现出内衣的实际主体造型效果的，因此，需要通过内衣的基础型样衣来显示内衣造型中各个局部的具体结构，基础型样衣比起设计效果图来更为直观，也更接近内衣的实际效果。在基础型样衣的制作中，并非单纯地依据设计效果图而机械地将内衣造型具象化，而应该善于在基础型样衣的制作过程中，有意识地继续补充和完善其设计效果。在基础型样衣的制作中常常会发现原有设计构想的某些不妥之处，可以在基础型样衣上进行调整和修订。同时，进一步协调内衣造型中各个局部之间的线条分割和结构的合理性，以及各个局部与整体造型之间的统一性。

(3)制作样板

制作样板的过程是将设计效果图转化为内衣实物的重要操作过程，主要由制板师在基础型样衣的基础上完成。制板师需要对着样衣效果和款式图进行款式、结构造型的分析，针对内衣款式和结构，调整各部位的尺寸关系，实现样衣的美观、协调。

首先，要对内衣面料、里料的性能进行比较和分析。面料的性能差异直接关系到内衣制板中各细部尺寸的确定。内衣面料大多是弹力面料，应充分考虑其回缩率等问题，才能解决在缝制过程中由于面料不同程度的收缩或厚薄搭配而产生的问题。

以文胸为例，其样板制作相对要复杂：就配置钢圈而言，同一款式造型的文胸，功能不同，所选用的钢圈类型就不同。钢圈规格号型（内径、外长）的选用有两种方法：一种是先制板，再确定钢圈，制板师根据文胸的款式造型及功能，先将样板制好，再根据罩杯的下边缘尺寸来确定钢圈的号型规格；另一种刚好相反，是由钢圈的号型规格来确定文胸下边缘的形状及尺寸。因此，钢圈类型与文胸的款式造型、功能都有很大的关系。

内衣样品制作的规格尺寸设定，是以国家统一的内衣号型中的"M"号为基础，以方便内衣的样板缩放和批量生产。内衣样板一般是采用平面裁剪法、立体裁剪法，或者两种剪裁方法综合运用，依据号型的具体规格尺寸和内衣设计的具体结构特征，依次裁制出内衣各个部分的标准样板。需特别注重其样板的合理性和科学性，而后按其缝制工艺的前后顺序编号成套。

样板制作的整个过程需要设计师与制板师反复沟通和实践，以使样板制作的成品比效果图更出色。

(4)制作样品

制板师将制好的样板同成品尺寸一起交给样衣工。样衣工必须严格地按照成品尺寸制作样品。依照内衣样板依次进行实际面料和辅料的剪裁，然后根据预先制定好的工艺流程依次缝制内衣的各个部位，最后进行整合，完成内衣样品。在一些高级内衣的样品制作时，其中一部分是以手工缝制完成的。内衣的样品制作中，其内衣尺寸要标准、规范，各个部位的结构要准确、合理，整体工艺制作要精细、考究。制作期间，制板师应起到指导、监督的作用，以保证样品如期顺利完成。只有这样，才能确保后面批量生产内衣的产品质量。

(5)样衣试穿

内衣的样品制作完成，在一定程度上体现了内衣设计的构想取得了较为理想的效果，但这还不是内衣设计的最终完成，需要通过样衣试穿环节对其进行修正。样衣试穿分为人台试穿和真人试穿。制板师先将样衣在人台上试穿，查看大体效果，没有大问题再由真人模特试穿。规模较大的内衣企业，有可以穿着不同号型的真人内衣模特，中小型的企业直接在内部寻找身形匹配的员工代替。真人试衣实际上是一个小型的评议会。企业会邀请设计部、销售部、市场部等相关部门的代表共同参与,对内衣的合体性、美观性、材料应用的合理性等做出评价,并提出意见。之后,设计师及制板师要对样衣进行不断地修改,直到真人模特再次试穿满意为止。此外,有些文胸在试穿的过程中可能就被淘汰了。

内衣的样品还要通过内衣展销会、订货会或市场试销洽谈会等形式,征求有关销售方面的意见和市场的信息反馈,验证其实用性和市场认可程度。根据多方面的意见,对内衣样品进行局部修正或重新制作,直至得到消费者和市场的认可。根据修正或重新制作的最后定型的内衣样品,在其样板的基础上制作出适合批量生产的内衣工业用板,并确立服装生产的科学的工艺流程,使之按预定计划进行批量内衣生产。在批量生产的、号型齐全的内衣进入市场之前,一般还需要举办不同规模的内衣展示会,并利用电视广告、报纸、杂志等媒体对新产品的特性进行广泛地宣传。同时,产品经后整理、定型、包装后,通过有效的销售渠道和销售方式将新产品推向市场。

六、设计管理

设计是一种多学科、多专业相互交叉和渗透的群体性创造活动,又是决策、管理、操作三个层面的配合,只有用统一的设计语言、执行意识和工作习惯,才能最接近或超过预期目标。设计管理实施包括:设计咨询;拟订设计政策和设计策略;对设计需求和资源的管理、组织之间的交流;对设计项目和设计过程的管理、设计稽核的执行。

内衣设计师和设计工作室的设计结果,包括内衣设计品牌的运作,只有通过规范化的有效管理,才能使内衣设计与内衣品牌和内衣企业体系相融合。规范管理有助于企业内部协调设计定向、各工序和岗位之间的操作,使最终结果最接近预期目标。实现企业的规范化管理,涉及内衣设计工作的相关人员包括设计师群体与非设计师群体。设计师群体需要与公司内部管理者、其他部门人员,以及公司外人员如供货商等相互沟通。如果设计师与管理者以及相关的合作人员对于设计中出现的问题无法在深层次上得到有效的沟通,就会造成对设计的定位、标准,尤其是文化层面的要求等很难形成一致的看法。例如,内衣产品设计最容易在生产过程中发生问题,由于在概念设计阶段没有生产人员的参与,较容易出现设计师与生产人员的相互冲突。因此在绘制草图及概念设计的阶段应有生产部门的人员参与合作,以确保设计师了解足够的生产方面的信息,并在设计开发过程中安排阶段性的产品测试,以便于设计的顺利实施。需要注意的是,设计与生产部门人员在讨论的过程中,会坚守各自的立场与原则,此时,唯有产品设计人员多了解生产过程的技术性限制,方能发挥创

二、装饰手法

这里所讲的装饰手法主要是指与内衣造型有着直接关系的工艺，如刺绣、抽纱、补花、挑花以及镶嵌、拼贴、滚边等工艺技巧，这些装饰工艺极为细腻、精致，在内衣的造型中往往起到画龙点睛的作用。此外，利用服饰配件中的肩带、腰头，裤脚边、内衣边缘搭配各种花饰边，松紧带、钩扣等都是很好的装饰材料，可以起到协调和整合内衣的效用。内衣设计的常用装饰手法见图 2-18。

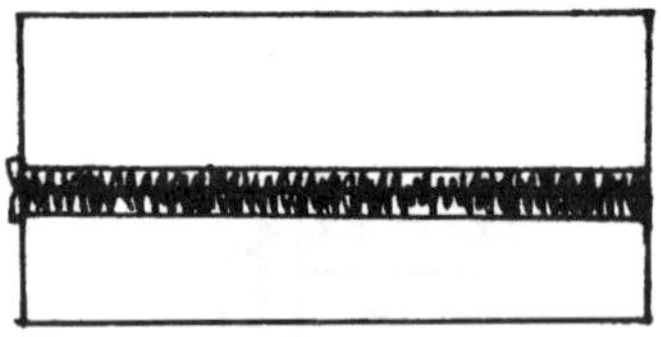

包缝线

装饰线接缝

装饰线

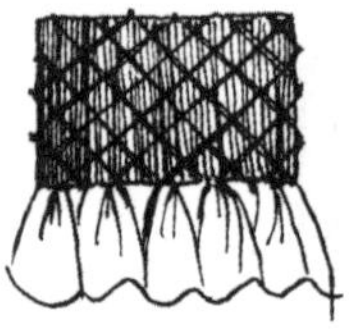

刺绣装饰

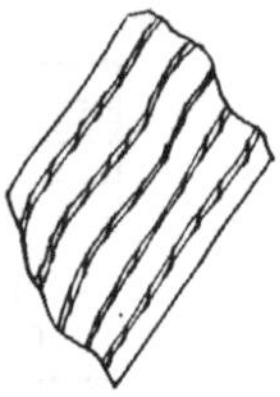

挑绣

鞍形刺绣

荡

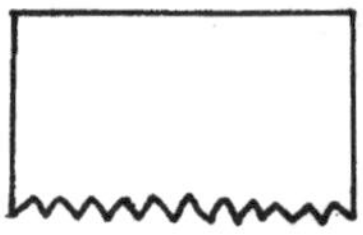

锯齿边

荷叶边

滚边

滚条

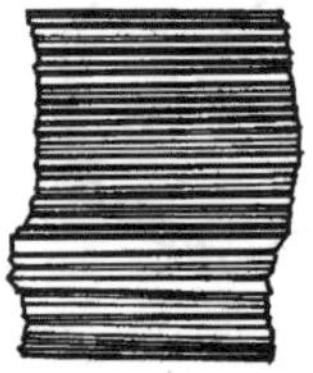

极细热定型褶

褶裥

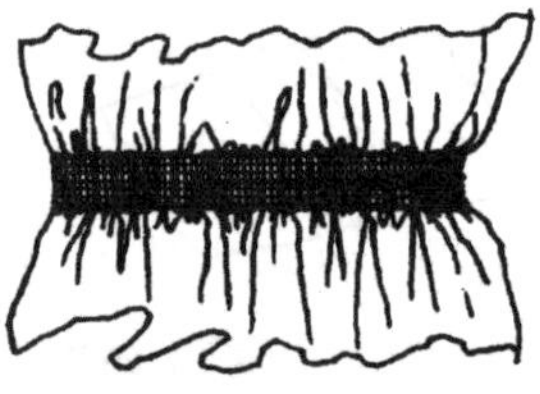

宽抽褶

水晶褶

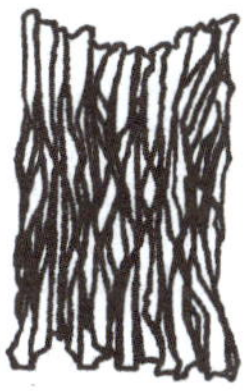
树皮褶

细褶

菱形绗缝

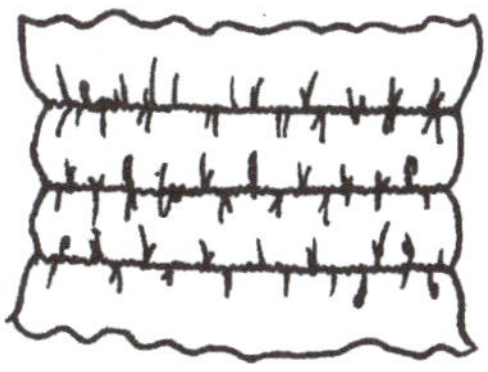
宽绗缝

手绘

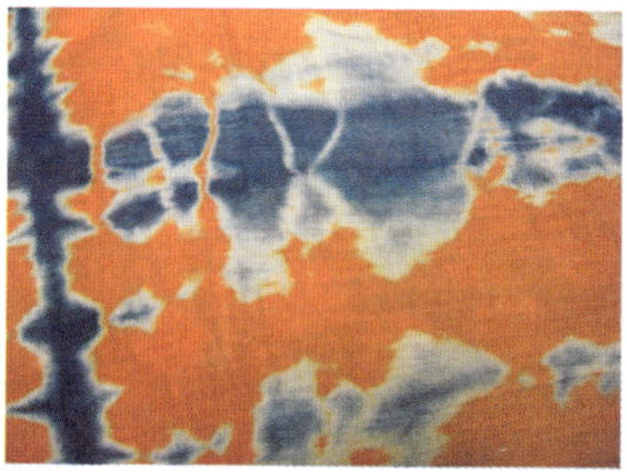
扎染

蜡染

镶嵌(a)

镶嵌(b)

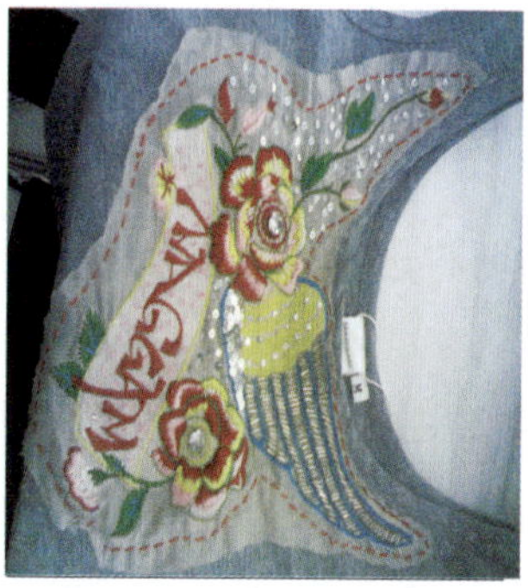
烫贴

镶拼

造花

图 2-18　内衣设计的常用装饰手法

1. 机印

机印即机器印花，运用机器把染料或涂料用在织物上印出图案的一种工艺，是现代工业在纺织面料上表现图案最为常见的一种工艺，主要包括丝网印花、数码喷墨印花等。机器印花经济方便，而且速度快。

2. 手工印染

(1)扎染

扎染是一种古老的手工印染工艺，是将纯白的织物按设计的图案进行捆、扎、缝、绞、折叠等方法扎结起来，然后放入染缸浸染，再抽去所扎或缝的线，便可获得扎染图案。

(2)蜡染

蜡染是一种古老的民间传统印染工艺，是用蜡刀或笔，蘸熔蜡绘图案于面料上，浸染后煮去蜡而形成图案。蜡染图案肌理效果丰富，纹理或细腻深入或粗犷生动，风格古朴清新。

(3)手绘

手绘，指在织物上用染料直接绘制图案。手绘图案与其他工艺的不同之处在于十分讲究对面料材质特点的利用，追求自然笔触和艺术肌理效果。

3. 机织

机织图案，是指按各种组织结构，用各种色纱线作经纬，织造而成面料。从手工织机和色织机的色织条纹布上，能织出立体感强的面料图案。

4. 绣

绣的种类很多，有刺绣、扳眼绣、抽绣等。绣线的针路和凸起的花纹使图案具有浮雕式的独特造型美。刺绣，又称针绣、丝绣，主要包括手工和机绣两大类。手工刺绣的针法十分多样，称谓也很多，主要有平针绣、错针绣、乱针绣、网绣、锁绣、盘金绣等，不同的针法呈现的图案各具特色。常用的最简单的是平针绣，此外，有打子针绣，适用于花蕊、圆点；套叶针绣，适用于绣树叶、花瓣；还有饶子针绣、彩珠镶绣、贴花补绣等。

5. 编结

编结，是使用棒针或钩针等工具，徒手以纱线为原料进行的手工编结。

6. 烫贴

烫贴，是指用发泡材料经高温直接将花型图案烫贴在服装所需部位。这种方法具有简单便捷的优点。

7. 镶嵌

镶，是通过镶边的颜色和面料质地，形成对比的效果。嵌，是指嵌线或嵌线条，是用一种与服装本身色彩不同的织物，嵌于领子、领圈周围，或袖口边、袖克夫、底边和胸部接缝处，作为一种装饰。

8. 镶拼

镶拼，是根据服装拼接缝的部位和设计意图，用不同面料进行的镶拼。镶拼的形式有异色料镶拼、异质料镶拼、边角料镶拼或纯装饰性镶拼等。

9. 褶裥

褶裥，是使面料形成有规律或无规律的折皱效果，分活褶和死褶两种。活褶更具实用功能，死褶大多只具有装饰效果。打褶的部位具有立体感效果。

10. 造花

造花，是指用各种材料制作的具有立体装饰性的花或蝴蝶结。这种装饰的立体感和层次感强，装饰部位突出。

11. 滚边

滚边，是对服饰边缘的一种处理手法，是服装的装饰工艺，主要用于领圈、袖口、袖窿、底边等处。

12. 荡

荡，即荡条，它是用斜料制作而成的条子，钉在服装的某些部位，作为装饰的一种工艺。

总之，内衣的功能特点要求其款式设计要以实用、简洁、大方为原则，不能像外衣那样有过多的或累赘的装饰。只需利用装饰工艺来突出内衣的某些重点部位，使内衣的视觉效果更加明显。同时要注重其装饰工艺与内衣造型特征、服用功能的统一协调关系，利用装饰手法的变化进行恰如其分的设计，使相同的设计符号在不同的位置出现，从而达到美的设计效果。否则，就会失去内衣造型与装饰工艺之间的内在联系，内衣的整体美感也会随之减弱。

思考题

1. 简述男女人体体型特征与差异。
2. 简述男女各个年龄段的体型特征。
3. 同学之间进行人体体型测量的练习。
4. 举例说明内衣设计思维方式的运用。
5. 收集资料并用图片形式说明各种装饰手法在内衣设计中的运用。

应用设计——

基础内衣、美体内衣与装饰内衣的设计

课题名称:基础内衣、美体内衣与装饰内衣的设计

课题内容:内衣的设计原则、风格与方法
基础内衣的设计
美体内衣的设计
装饰内衣的设计

课题时间:24课时

教学目的:通过本章教学,使学生掌握内衣的设计原则、风格、方法,熟悉基础内衣、美体内衣和装饰内衣的基本结构,熟练运用形式美法则,围绕内衣设计的要素进行设计,为今后内衣设计打下基础。

教学方式:以教学课件和教师课堂讲授同步进行为主,课堂操作、讨论以及作业训练为辅。

教学要求:1.掌握内衣的设计原则、风格、方法。
2.熟悉基础内衣、美体内衣和装饰内衣的基本结构。
3.熟练运用形式美法则进行基础内衣、美体内衣和装饰内衣的设计。

第三章 基础内衣、美体内衣与装饰内衣的设计

第一节 内衣的设计原则、风格与方法

一、内衣设计原则

基础内衣、美体内衣与装饰内衣的设计需遵循一定的原则，既要遵循普通服装所要求的舒适性、合体性、卫生性、面料节约性原则，又要符合内衣特别强调的美体性、简化性、安全性和功能性要求，从而实现真正意义上的设计、面料、色彩相结合，提高贴体内衣的整体设计水平。

1. 美体性原则

内衣首先要实现对人体的矫形作用。现代内衣的造型、色彩、面料、装饰都具有丰富的表现力，能在健康、舒适的前提下调整着装后形体的外观。美体性是补正内衣的主要功能，近年来的发展趋势是将美体功能与贴体内衣相结合，在结构上根据不同部位的需要选用不同特点的材料。在局部通过增加衣片层数来满足其力学上的需要，真正从健康、舒适的角度出发，达到美体的作用，同时增强了服用的方便性。

其次是体现内衣的装饰作用。内衣不能像外衣那样通过夸张的款式变化和配件的使用构成装饰，它强调的是简洁美，需要在舒适的前提下，通过面料的颜色、小的装饰、领口的开度、边口花边丝带的处理，以及由此带来样片形式的改变，使其达到装饰效果。

2. 简化性原则

由于内衣大多使用优良的弹性面料，内衣片构成的简化性原则体现在衣片结构的简化、衣片构成曲线的简化和配件构成的简化三个方面。衣片结构的简化是指内衣在合体性构成中不需要省道和结构处理的分割线；衣片构成曲线的简化是指衣片构成需要曲线的部位可以简化为简单的曲线或斜线；配件构成的简化是指基于穿着舒适性的需要，可以在开口和开口闭合的配件构成上尽可能方便。

变化。

(2)色彩

各种粉色系列或浅色系列的组合。

(3)图案

以细格、细条纹、花卉等精巧、简洁的图案为主。

(4)材料

手感柔软的纯棉针织面料和肌理平实、质朴的弹性面料。

图 3–2　清纯型内衣

2. 浪漫型内衣

浪漫型内衣适合 25 岁以上年龄的人穿着，整体风格适宜表现女性的妩媚、动人、温柔，如图 3–3 所示。男性则展现热情洋溢、大方的气质。

(1)造型

多用 S 形的曲线，外形多样，常用花边饰品装饰或运用结构变化。

(2)色彩

粉色系列或各种艳丽的纯色组合。

(3)图案

以夸张、变异的抽象图案为主。

(4)材料

飘逸、柔软的弹性纱质面料。

3. 功能型内衣

功能型内衣是指那些强调实用功能的内衣，见图 3–4 所示，如矫形用的束衣、束裤、生理内裤及孕妇、产妇用内衣等。

(1)实用性

通过结构和裁剪的变化体现各种功能性内衣结构上的合理性。

(2)功能性

具有抬高推挤的功能，帮助女性调整身体曲线。

图 3–3　浪漫型内衣

3. 安全性原则

内衣担负着保护身体、支持美化外衣的作用。强调舒适性、卫生性,衣片构成要保护身体不受外界损伤。对外衣的支持美化,指的是美体性支持和卫生性支持,即对外衣造型的调整和保护外衣不受来自于人体内部的汗液、体屑、体液的污染,通常采用局部加固或使用双层材料的方式处理。

4. 功能性原则

内衣在经历了百年的历史发展后,不仅要起到修饰美化人体的作用,也要从功能、材料、科技、设备等方面不断注入新的元素。从衣片构成关注美体功能出发,需要与材料的使用部位、比例以及在内衣功能的实现中所起的作用结合起来,由此改变衣片形状。同时,缝制工艺应根据内衣不同部位选择不同线迹、缝型和缝纫设备。

二、内衣设计风格

消费者追求自然、舒适、贴身、柔软、保健、时尚并能体现个性的内衣产品。要实现内衣产品的最优化设计,必须结合原料、织物组织结构、坯布后整理、款式造型、色彩、成衣工艺等方面进行,要善于应用新原料、新工艺、新技术;把握内衣产品的流行趋势及消费者的需求与购买心理;同时必须对内衣产品的设计风格准确定位,才能开发出适销对路的内衣新产品。

内衣从设计风格上大体分为七大类:清纯型、浪漫型、功能型、华贵型、东方型、情趣型和个性型,见图 3–1。

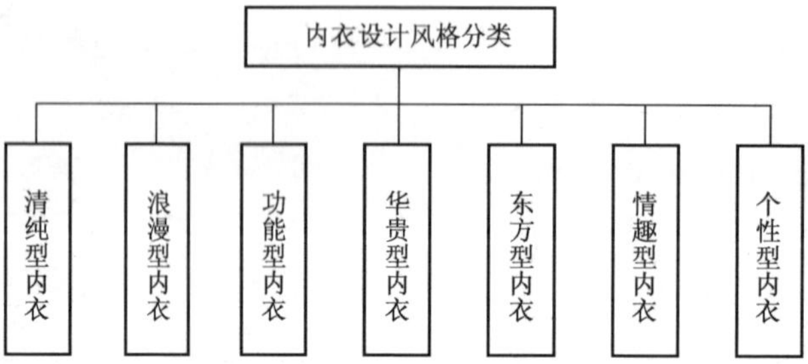

图 3–1　内衣设计风格分类

1. 清纯型内衣

清纯型内衣整体风格适宜表现少年清新质朴、青春洋溢、活泼的气质,包括文胸、束裤、束衣、背心、短裤及其他内衣,见图 3–2。

(1)造型

内衣多用简洁、流畅的线条,外形自然、柔和,没有过多的花边装饰和结构

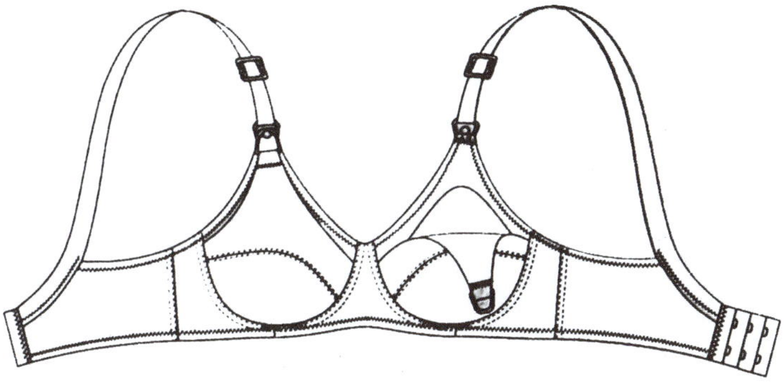

图 3-4 哺乳期内衣

(3)色彩

矫形用的束衣、束裤类的色彩以浅褐色、肉色、白色、黑色、灰色为主;孕妇、产妇用内衣的色彩以浅色、粉色等温情、宁静的色彩系列为主。

(4)图案

矫形用的束衣、束裤以蕾丝花纹的弹力面料与束型平面针织面料组合;孕妇、产妇用内衣的图案以细格、细条纹、细小花卉等大方、简洁的图案为主。

(5)材料

孕妇、产妇用文胸以纯棉面料为主,利用各种面料的回弹性拉紧和束平身体。

4.华贵型内衣

华贵型内衣见图 3-5,它强调体现女性雍容华丽、成熟、高雅的独特魅力,包括文胸、束裤、束衣及其他内衣。

(1)造型

线条优雅、装饰精美,多用镂空花边表现层次和神秘的美感。

(2)色彩

采用酒红、绛紫、黑色、茶褐色及暖橙色;运用多色花边,使整个风格浓烈、醇厚。

(3)图案

层次丰富、造型细腻的 S 形、华丽丰富以及带有曲线变化的图案。

(4)材料

大面积使用多色花边饰带;

图 3-5 华贵型内衣

常采用滑爽的真丝、富贵的丝绒、透明的网纱及精美的刺绣。

5.东方型内衣

东方型内衣蕴含着东方内衣的设计元素，体现其含蓄、细腻的风格，包括文胸、肚兜、短裤以及红运内衣等其他内衣，见图 3-6 所示。

图 3-6　红运内衣

(1)造型

运用中国特有的肚兜、抹胸、裲裆等传统造型为基础进行演义。

(2)色彩

采用红色、黑色、绿色、褐色及暖橙色等东方各民族传统色组合；体现出浓郁的东方民族风格。

(3)图案

东方国家典型图案；中国吉祥图案、云纹、团花等。

(4)材料

滑爽的丝绸、绢、丝绒、透明的网纱，运用贴补、镶嵌、滚、荡及刺绣等工艺方法。

6.情趣型内衣

情趣型内衣能激发人的思想情感，体现人的思想情感所表达出来的格调、趣味，见图 3-7 所示。

(1)造型

线条奔放，装饰表达出妖艳、性感、风情、幽默、趣味、神秘的效果；用多种形式的镂空以及蕾丝等夸张、刺激的表现手法表达肌肤层次，丰满、热烈或冷艳的性感。

(2)色彩

采用大红、中黄、深紫、黑色、湖兰及橙色等艳丽、刺激的纯色或亮色；运用多色花边，使整个风格显得奔放或冷艳、性感。

(3)图案

视觉冲击力较强的、充满趣味性的各种形状的镂空纹样。

图 3-7　情趣型内衣

(4)材料

不同组织形状和规格的透明网纱、蕾丝、羽毛;滑爽、光泽的弹力面料;花边、锻带及精美的刺绣。

7.个性型内衣

个性型内衣具有鲜明的个性特征,张扬而新潮、超凡脱俗、新奇趣味、宣扬自我的艺术格调,见图3-8所示。

图3-8　个性型内衣

(1)造型

视觉效果充满变化和趣味、夸张且新奇怪异,在构成手法上有时还使用编、结、镶、钩、盘等。

(2)色彩

独特的色彩、丰富的肌理组合。

(3)图案

各种不对称或组织结构夸张、变异形成的图案。

(4)材料

运用丰富的材料包括皮革、绳穗、毛织、金属扣件等,实现宣扬自我个性的目的。

三、内衣设计方法

内衣设计整体美感的产生与形成,离不开构成的形式法则。内衣设计的形式法则主要体现于内衣的款式构成、色彩的科学配置以及材料的合理使用等。要处理好内衣造型美的基本要素之间的相互关系,使多种造型因素形成统一和谐的整体。

1. 对称的应用

对称是造型艺术最基本的构成形式，是服装造型中最常用的也是最普遍的一种形式法则。对称有左右对称、回转对称和局部对称等形式,具有大方、稳定、理性的特征。内衣的款式以左右对称形式较多,因此,在内衣图案构成设计中常采用回转对称和局部对称等形式以增强变化。

(1)左右对称

人的体型是左右对称的，内衣的款式、图案的最基本形态也多采用这种形式,左右对称虽然在视觉上显得有些呆板,但贴身内衣过于复杂势必影响外衣的造型美。以泳装为例,人身穿对称式泳装时一般处于运动状态,加上弹力面料和丰富的色彩组合,能够弥补因对称造成的呆板感觉,见图3-9所示。

(2)局部对称

内衣构成中的局部对称是指在内衣整体的某一个局部采取对称的形式。这种形式的位置是要精心考虑的,一般是在胸部的中心、袖口、短裤前片门襟或利用服饰配件来完成的,见图 3–10 所示。

图 3–9　左右对称式

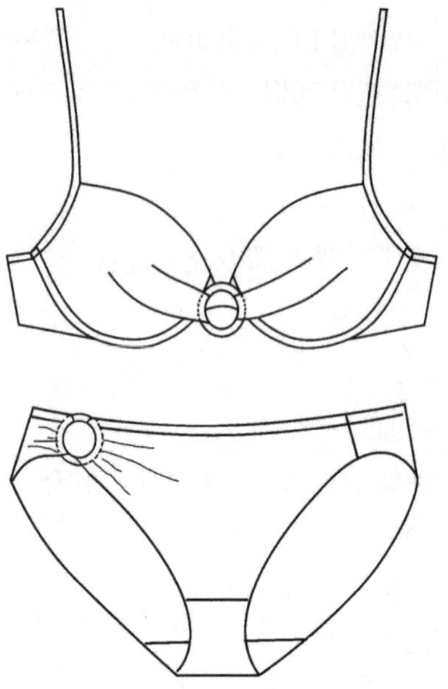

图 3–10　局部对称式

(3)回转对称

回转对称是指将对称轴某侧的形态反方向排列组合,在视觉上追求平稳中求变化的格局。这种回转对称的形式一般是利用内衣的结构处理、面料的图案或装饰点缀等来实现的,见图 3–11 所示。

2. **均衡的应用**

均衡是指图形中轴线两侧或中心点四周的形态的大小、疏密、虚实等虽不能重合,但以变换位置、调整空间、改变面积等取得整体视觉上量感的平衡。均衡形式较之对称显得丰富多变,运用装饰手段在内衣构成中,可依据造型的风格需要,利用各种装饰手段和表现手法,将图案花纹或不同质地的面料装饰在服装的适当部位,达到整体造型上均衡的视觉效果。

(1)位置的选择

肩部、胸部以及领口处于内衣造型中较引人注目的位置,利用挑、补、绣以及拼贴、镶嵌等装饰工艺手法协调空间,使之产生均衡的视觉效果。内衣设计中常常运用这种变化来求得服装的多种造型变化,见图 3–12 所示。

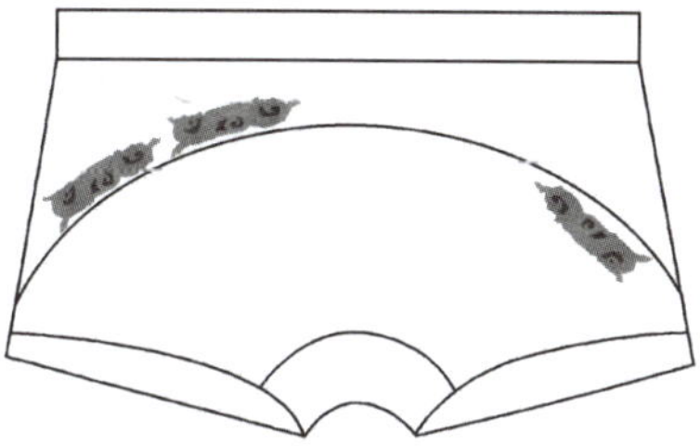

图 3-11　回转对称式

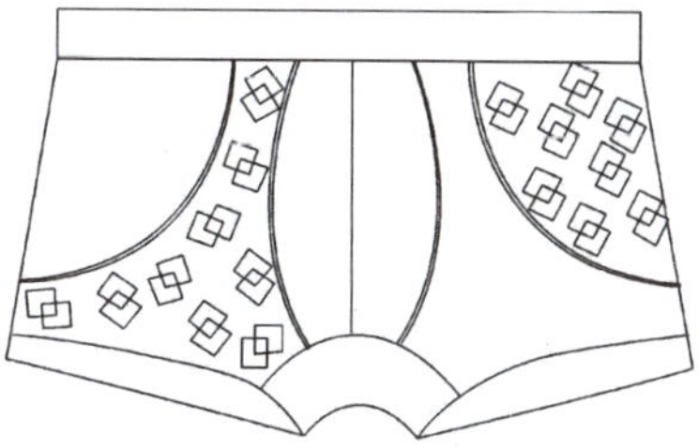

图 3-12　均衡的应用

(2)色彩的搭配处理

内衣造型中,利用色彩的相互搭配来达到均衡的效果,如内衣上下、左右、前后部位利用服装主体色彩、配件色彩的呼应和穿插等,可丰富和增强其造型的艺术审美价值。

3. **对比的应用**

对比是将两种不同的事物对置时形成的一种直观效果。在艺术设计中,通常运用这种对比关系,突出和强化其设计的审美特征,艺术效果也更加醒目和强烈。对于内衣的造型来讲,其对比的运用主要表现为如下两个方面。

(1)色彩对比

在内衣的色彩配置中,利用色相的冷色与暖色并置、明度的亮色与暗色并置、纯度的灰色与纯色并置和色彩的形态、位置、空间处理形成有序的对比关系。在色彩的处理时需要注意对比双方色彩面积的比例关系,色彩面积的大与小,色彩量的多与少的处理,能够改变任何一组对比色彩的对比程度。同样是两种对比色,在内衣的设计中要强调和谐、温馨的效果,在纯度和明度上就会减弱许多。此外,在色彩的纯度和明度上也要有所考虑,一般是在对比的两种色相中,大面积的色彩其纯度和明度应低一些,而小面积的色彩其纯度和明度可高一些。这种对比关系具体运用到设计中,通常小面积高纯度、高明度的色彩可以出现在内衣的局部结构上,如家居服、健身服的局部结构设计等。

图 3-13　面料对比

(2)面料对比

内衣面料的肌理极为丰富,设计中运用其对比关系,如粗犷与细腻、挺括与柔软、沉稳与飘逸、平展与网格等,使内衣的造型能够体现不同个性的审美感受,见图 3-13 所示。

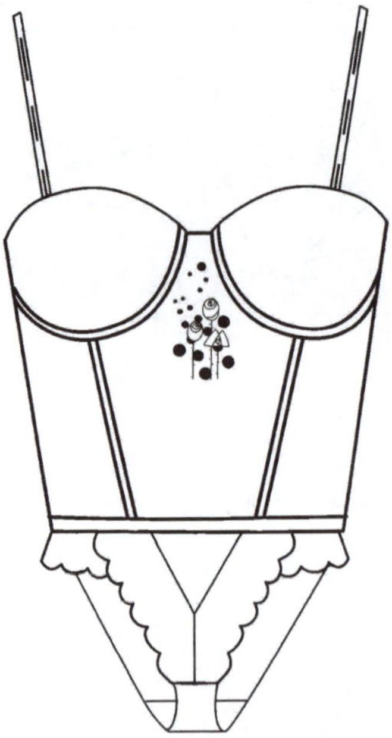

图 3-14　整体结构的调和

4. 调和的应用

事物中存在的几种构成要素之间在质和量上均保持一种秩序上的关系，这种状态我们称之为调和。内衣是强调立体的形态,其美感体现在各个角度和各个层面。因此,内衣的结构如果缺乏一定的秩序感和统一感,就会影响应有的审美价值。一般通过以下两方面来体现。

(1)整体结构的协调

在内衣的整体结构上要达到协调,可以应用款式的前后结构的分割线处理手法出现,如束身胸衣前身腰节处是断开的,后身腰节处也须断开，以便在整体视觉上形成统一的感觉,见图 3–14 所示。

(2)局部协调

在内衣的局部结构上,如胸前、前片、裤头等,一般需要用相似的造型元素和形式美的方法达到协调的效果。因此,要把握其大小、疏密及空间的相互关系,使之既调和又富于变化,见图 3–15。

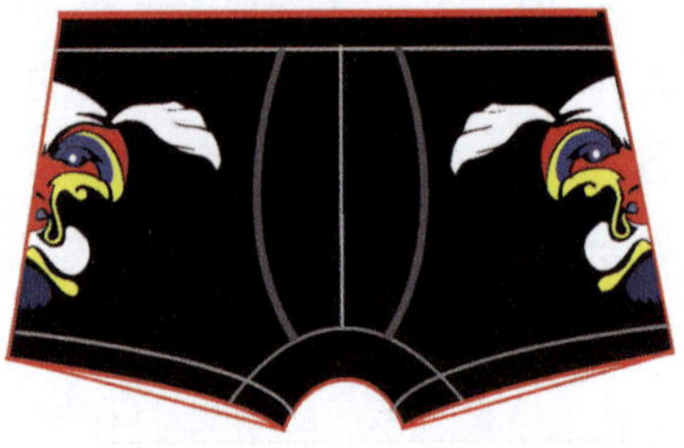

图 3–15　局部处理

5. 图案的应用

图案在内衣设计中几乎是必不可少的运用元素,合理运用图案的特征,可以通过图案达到强化和突现内衣造型、结构和风格特点的作用。常用图案类别见图 3–16。

图案特征

- 具象图案：树形图案、花朵图案、折枝花图案、簇花图案、果实图案、叶子图案、花与鸟蝶图案、鸟禽图案、昆虫图案、走兽图案、水族动物图案、脸谱图案、人物图案、风景图案、器具图案、食品图案
- 抽象图案：格子图案、条纹图案、点状图案、综合抽象图案、肌理图案
- 传统图案：缠枝花图案、卷草纹、团花图案、中国吉祥图案、佩兹利图案、日本友禅图案、夏威夷图案、东南亚蜡染图案、非洲蜡染图案、土著树皮图案、东非康茄图案、法国朱伊图案、英国莫里斯图案
- 流行图案：镂空与剪影图案、玫瑰图案、补丁图案、光效应图案、迷彩图案、文字图案、动物毛皮图案、照相写真图案、绘画风景图案、卡通图案

图 3–16　图案特征

第二节　基础内衣的设计

基础内衣是人真正意义上的第二层皮肤，作为人的贴体服装，不仅要满足人体独特造型的需求，在设计时还要具有普通服装应有的时尚感。内衣设计集人体美学、人体工程学、结构力学、材料学、心理学、人体解剖学等诸多学科于一身，需要专业设计人员和制作工艺师认真地研究分析，不断试制和改进。

一、基础内衣的分类与基本结构

基础内衣是指对身体起基本保护和美化作用的内衣。主要包括文胸、内裤、背心和汗衫。

1. 文胸的分类与基本结构

文胸(Bra)，又称胸罩、胸衣、乳罩。它是穿着于女性胸部的贴身衣物，是最具有保护、装饰、塑形等功能的常见内衣之一，也是女性内衣设计的重点和难点。文胸的作用见表3–1，文胸图例见图3–17，文胸的分类见图3–18。

表3－1　文胸的作用

功　能	作　　用
吸湿	保持胸部皮肤的干燥、清洁
防护	防止和缓冲外力对身体的伤害
保暖	前胸是人体产热和维持热度的区域，内衣可以起到一定的保暖作用
固定	使乳房相对固定，防止弹跳，便于运动
塑形	防止双乳下垂、外开，维持胸部理想形态、位置、高度，使胸部挺立，衬托女性胸部曲线，增加丰满感

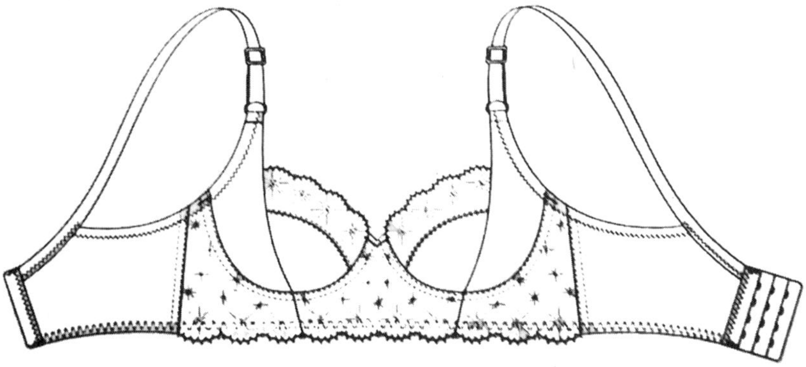

长束型文胸

图3–17

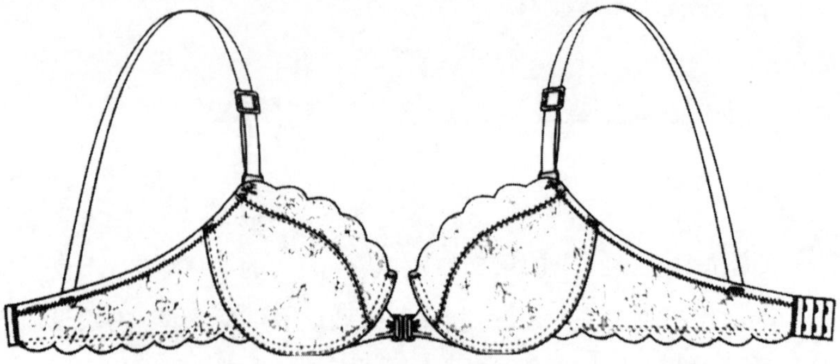

前扣型文胸

图 3–17　文胸图例

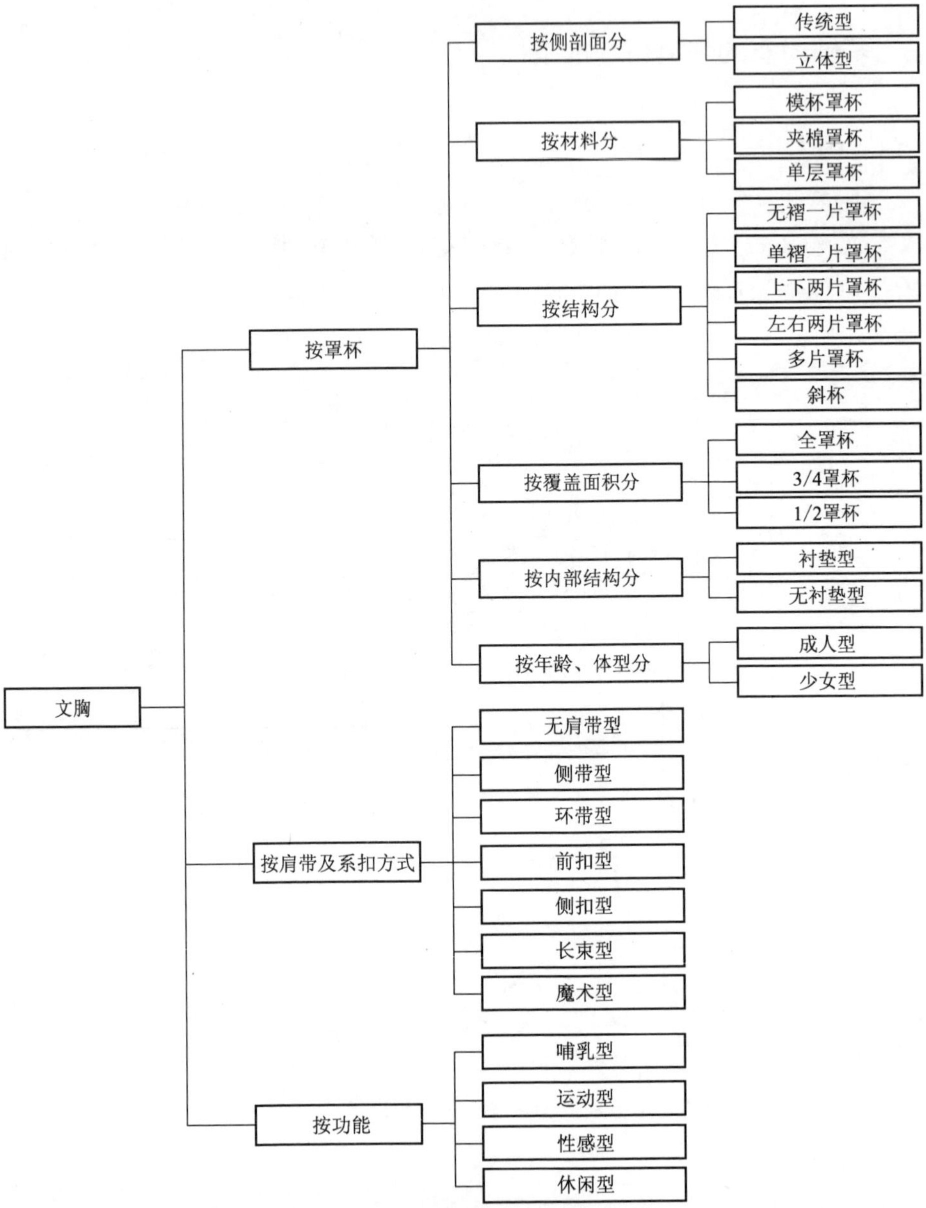

图 3–18　文胸的分类

文胸的结构，一般由肩带、罩杯、后拉片、鸡心、钩圈、钩扣六部分构成，每部分均有各自的功能，见图 3–19。

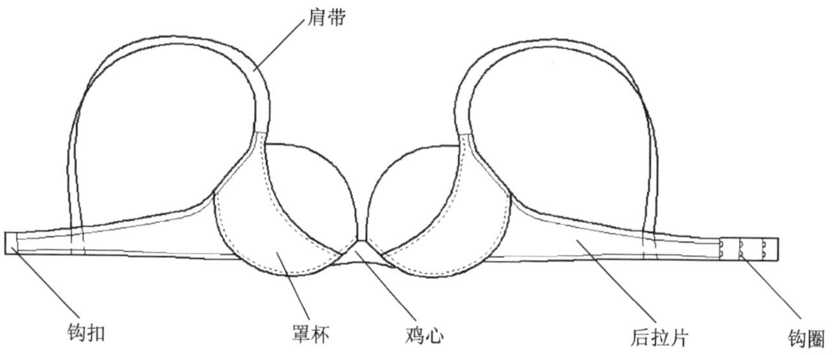

图 3–19　文胸的构成

(1)肩带

文胸的肩带有：无肩带型、侧带型、环带型等。

(2)罩杯

罩杯是文胸的主体部分，主要作用是包容和支撑乳房，塑造胸部线条，罩杯的分类参见图 3–17。

①按照罩杯材料的构成可分为模杯罩杯、夹棉罩杯和单层罩杯，其特点及适用体型见表 3–2。

表 3－2　模杯罩杯、夹棉罩杯和单层罩杯对比表

名　称	特　　　点	适 用 体 型
模杯罩杯	以罩杯的侧剖面分类，通常有传统型和现在流行的立体型杯罩；此外，根据年龄、体型的不同，模杯文胸又可以分为成人型和少女型	适合东方女性，特别是身材娇小的女性
夹棉罩杯	夹棉罩杯由外层面料和夹棉层组成，夹棉杯比模杯薄，文胸手感柔软舒适，可利用杯罩不同的裁剪方法，塑造出各种造型来矫正和美化人体	适合东方女性，特别是胸部扁平的女性
单层罩杯	单层罩杯由面料和里料两层组成，有时只有一层面料，它的塑形作用很弱，主要是起包容的作用，通过裁剪并利用面料的弹性，塑造胸部的曲线	单层文胸的固定性和塑形性较差，适合胸部较丰满的女性

②按结构分类，可分为一片罩杯、上下两片罩杯、左右两片罩杯、多片罩杯和斜杯等，其中一片罩杯又分为无褶一片罩杯和单褶一片罩杯，见表3-3。

表3－3　罩杯按结构分类对比表

名　称	特　点	图　示
无褶一片罩杯	无褶一片罩杯一般使用模杯，外层面料为有弹性的针织面料	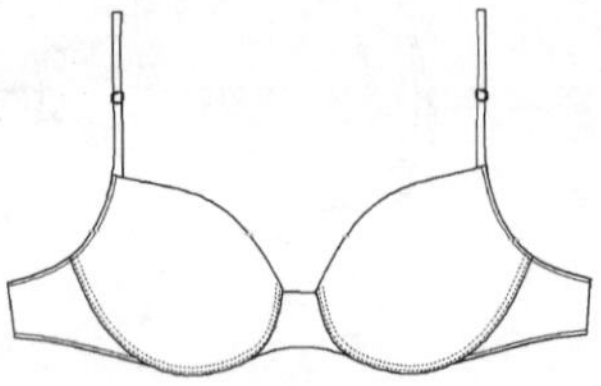
单褶一片罩杯	单褶文胸的结构比较简单，由于胸省收得较大，造成胸部造型不够圆顺，这种单褶的结构一般用于文胸罩杯的里层	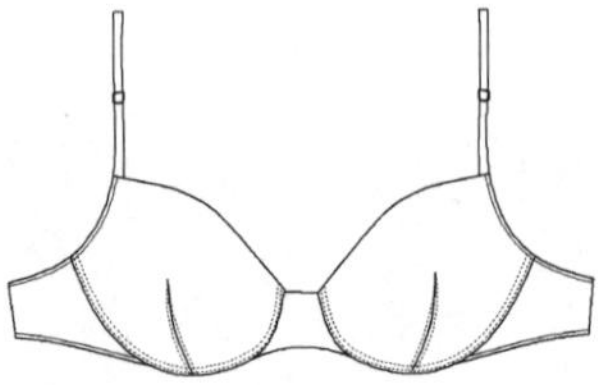
上下两片罩杯	应用较广，结构合理，造型美观，胸部线条圆顺	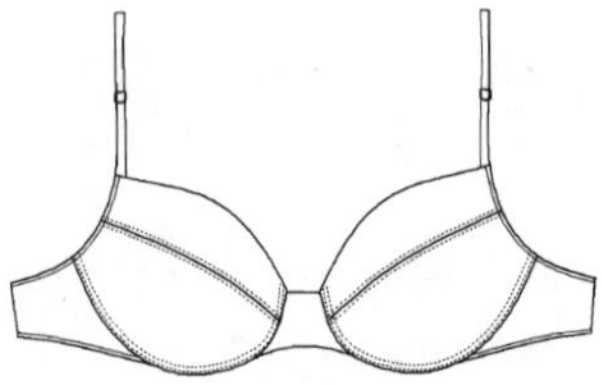
左右两片罩杯	应用较广，由于采用类似公主线的形式，结构合理，造型美观，胸部线条圆顺	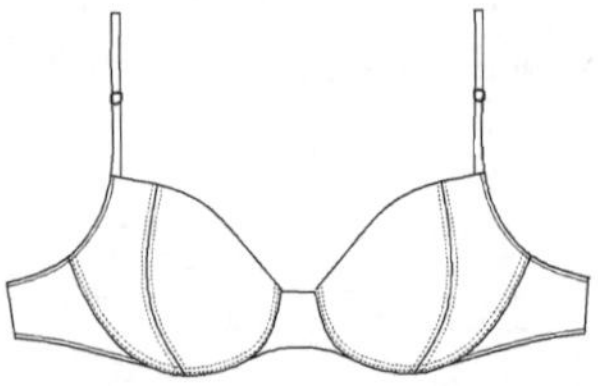
多片罩杯	由于胸部的凸起而形成的省量，分割的份数越多，胸部造型越圆顺，越接近人体的真实轮廓。因此，多片文胸在结构上更加合理，外观更加美观，然而，在生产中为了节约成本，多片文胸应用不多	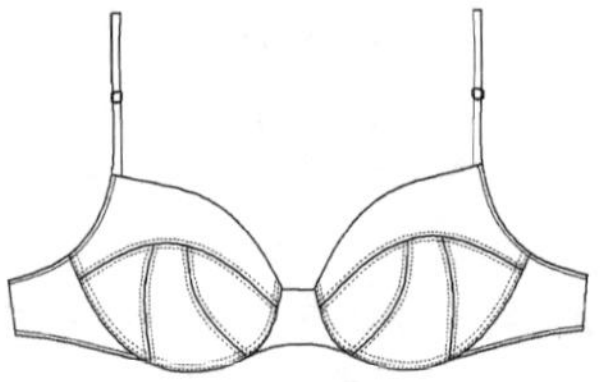
斜杯	应用较广，结构合理，造型美观，胸部线条圆顺	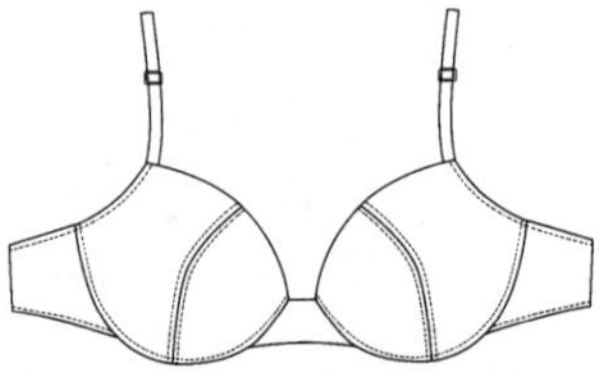

③按罩杯覆盖胸部的面积，可分为全罩杯、3/4 罩杯和 1/2 罩杯，见表 3–4。

表 3－4　全罩杯、3/4 罩杯和 1/2 罩杯对比表

名　称	特　点	图　示
全罩杯	适合胸部饱满或肌肉柔软的女性，可以将整个胸部包裹起来，深受妊娠、哺乳期妇女及年长女性的青睐	
3/4 罩杯	其造型优美、式样多变，特别是前中心的低胸设计，展现出女性的玲珑曲线	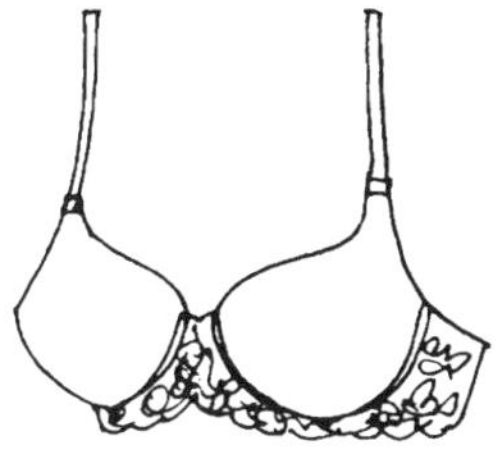
1/2 罩杯	适合胸部较小的女性。特别是将肩带去掉后，可搭配露肩、低胸的服装穿着	

④以杯罩内部结构可分为衬垫型文胸和无衬垫型文胸。

衬垫型文胸：通过在杯罩内部下方、侧方加上衬垫，能使乳房扁平和胸部娇小的女性体现胸部的丰满，以便达到推、举胸部的目的，是矫形内衣的一种。其衬垫有固定型和插片型，其中固定型是将衬垫用的棉衬附在固定部位，如杯罩侧下部；插片型则较灵活，可根据需要随时调整。衬垫的材料多为蓬松棉或海绵，目前还有用硅胶制成的衬垫(由于其状态像透明的水，又称水围)，将液态硅胶先封在枣核形的塑胶袋内，再将塑胶袋夹缝在文胸杯罩侧下部位，便于推托胸部，使之丰满，并且手感柔软、自然。衬垫型文胸能使女性重树信心，展现美好身姿。

无衬垫型文胸：杯罩内部无衬垫，适合乳房丰满的女性穿着。

(3)后拉片

后拉片又称为侧肚、翅子，它是文胸对胸部施力的主要部分，一般用弹力面料制作，既可保证文胸有力地束紧胸部，又可使穿着舒适方便。

后拉片按后中心的造型可分为直肚和“U”形肚，见图 3–20；按宽度可分为有

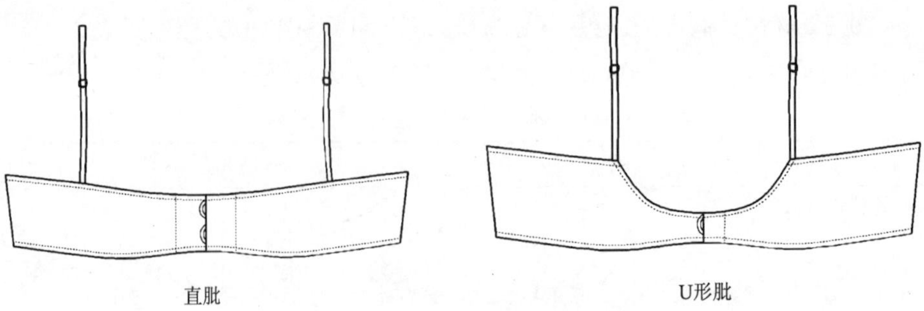

图 3-20　后拉片造型

下巴肚和无下巴肚。

(4)鸡心

鸡心用来连接左右两个罩杯,起到固定的作用。按形态可分为高鸡心、低鸡心、连鸡心、有下巴鸡心和无下巴鸡心等,见图 3-21。

(5)文胸其他组成部分

①钢圈:钢圈是对乳房起支撑和紧固作用的重要组成部分。按照钢圈的有无,文胸可分为有钢圈和无钢圈两种。无钢圈文胸穿着舒适,适合夏季和运动时穿着。钢圈材料有硬塑和铁质两种,见图 3-22。

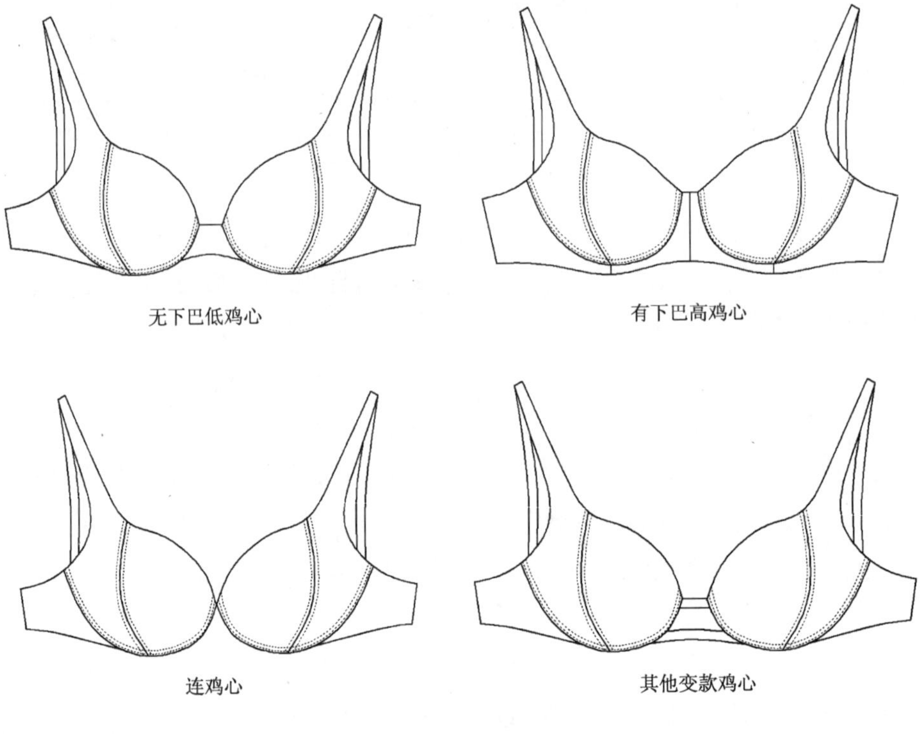

图 3-21　几种不同鸡心的文胸

钢圈的形状来源于人体，根据乳房的高度、间距、弧度的一般特性而设计的。

a. 高鸡心型钢圈，能托起下垂乳房，适用于丰满且下垂的体型，常用于 C、D 罩杯的款式设计。

b. 低鸡心型钢圈，常用于斜杯围的设计，能将腑窝夹弯脂肪向前中集中，从而塑造胸型，形成乳沟，常用于 A、B 罩杯的款式设计。

c. 连鸡心型钢圈，鸡心连在一起，常用于无鸡心或连鸡心款设计。

钢圈的形态不同，对乳房的支撑作用也不同。按照文胸和钢圈的形态，可将文胸分为水平型文胸和斜型文胸。

图 3-22　钢圈

②钩扣：是文胸的开口部分，一般设计在人体的后中心线上或前中心线上，也有一些文胸将钩扣设计在右侧。根据钩扣的位置不同，文胸可分为后扣型文胸、前扣型文胸和侧扣型文胸。

a. 后扣型文胸，是将钩扣移至背部的后中心线上，固形性较好，配有三个调整尺度的钩扣。

b. 前扣型文胸，是将钩扣移至胸前的前中心线上，以便于穿脱。其拉力和其他文胸不同，是将胸部向身体前片中间归拢，使胸点间距缩短，以展现胸部丰满的曲线。但其固形性相对较差，只适合于胸部较小的女性。另外，前扣型文胸钩扣的牢固度非常重要。

c. 侧扣型文胸，是将钩扣移至右背与腋窝之间，固形性较好，适合侧肩带文胸。

2. 特殊用文胸的分类与基本结构

常见的特殊用文胸有运动围、少女文胸和孕妇文胸。

(1)运动围

运动围属单层文胸，它具有运动感强的特点，是一种新的都市流行时尚，多选用纯棉莱卡和强弹力针织面料制作而成。

为了适合运动和休闲时穿着，运动围通常不用海绵的胸垫，也大多去掉钢圈，仅用双层面料或薄的棉衬保护胸部，以展现年轻女性胸部的自然造型。运动围的肩带可以前、后片之间不剪断，连裁相连，并采用宽肩带，以保证运动时文胸的稳妥，见图 3-23。

(2)少女文胸

少女时期是女性身体从儿童向成人转变的一个必然过渡时期。特别是 10~13

岁前后，少女的胸部渐渐隆起，虽然并不十分丰满、成熟，但仍需要文胸的保护。少女文胸就是根据少女在身体发育期间，为保护胸部而专门设计的，见图 3–24。

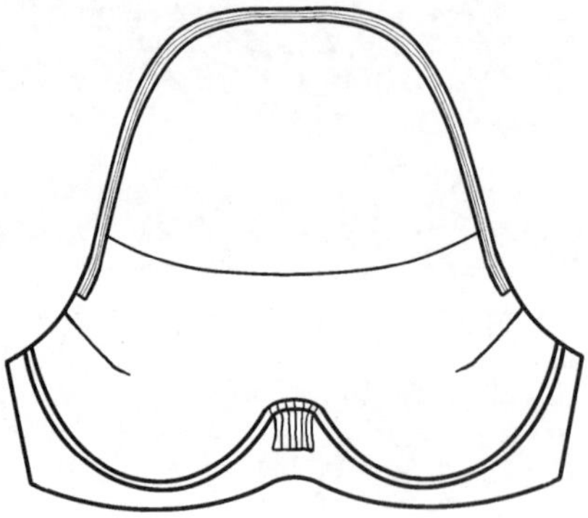

图 3–23 运动围

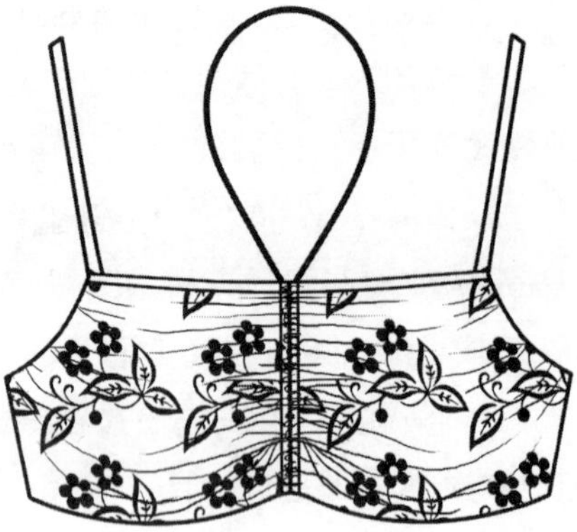

图 3–24 少女文胸

(3)孕妇用文胸

孕妇用文胸又分为孕妇文胸和哺乳期文胸。孕妇文胸是根据女性在怀孕期间生理上的变化而专门设计的文胸，女性在怀孕期间，胸部通常从 3 个月开始逐渐增大，到 10 个月时，胸围会增大 5~8cm。这一时期对女性胸部的保护非常重要，舒适合体的文胸可以使女性在这个特殊时期保持良好的胸部形态，并为产后的恢复打下良好的基础。

哺乳期文胸是专为哺乳期女性设计的文胸，见图 3–25。为了方便女性对婴儿哺乳的需求，哺乳期文胸专门设计成双层，内层托住女性的胸部四周，外层覆盖整个胸部，并在罩杯的上部或中部用扣件扣合，可随时打开，以方便哺乳。哺乳期是女性胸部最易变化的时期，随着哺乳期的结束，女性的胸部通常会变得松弛和下垂。因此，可以说这个时期是女性最需要文胸的时期，通过文胸对胸部的支托和保护可以减轻胸部的变形。

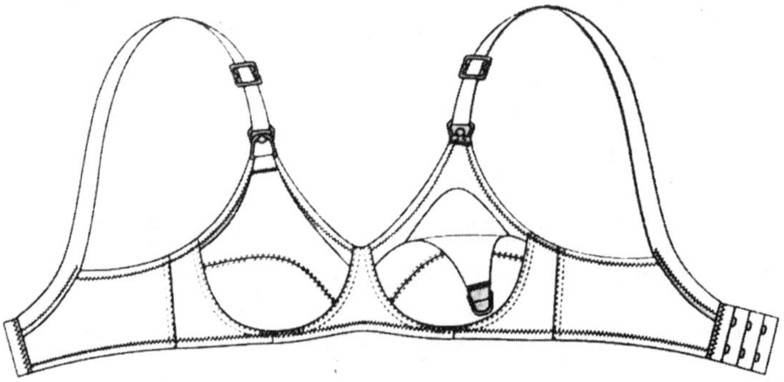

图 3–25 哺乳期文胸

3. **内裤的分类与基本结构**

内裤通常可按装饰、结构、外形、腰线、性别和长短等方式进行分类，见图 3–26。内裤由前片、后片和裆(浪底)三部分组成，见图 3–27 所示。

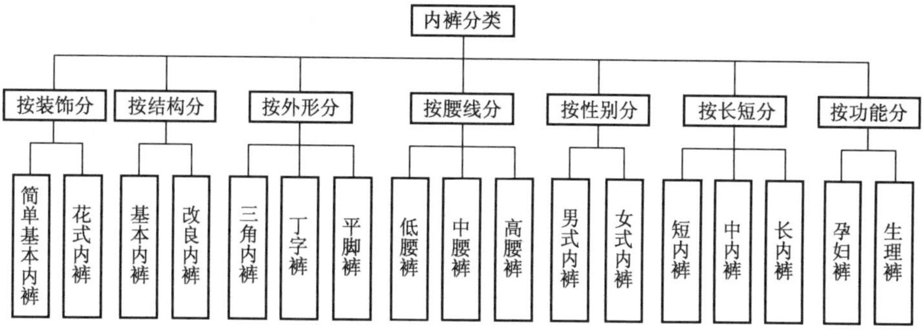

图 3-26　内裤的分类

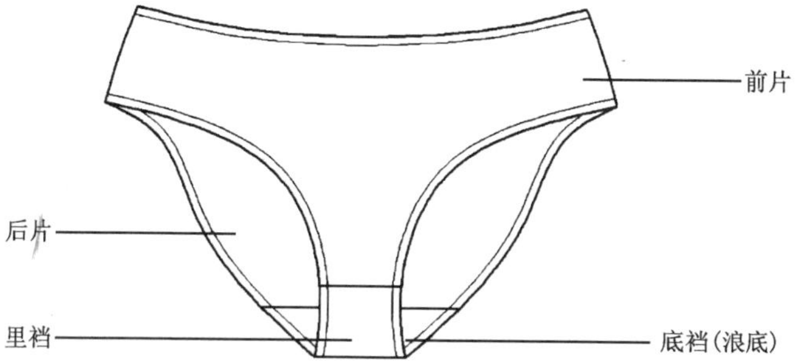

图 3-27　基本内裤分解图

(1)按装饰分

内裤按装饰可分为不加装饰的简单基本内裤和有蕾丝、织花等的花式内裤，见图 3-28。

(2)按结构分

内裤按结构可分为基本内裤和具有一定塑形作用的改良型内裤，见图 3-29。

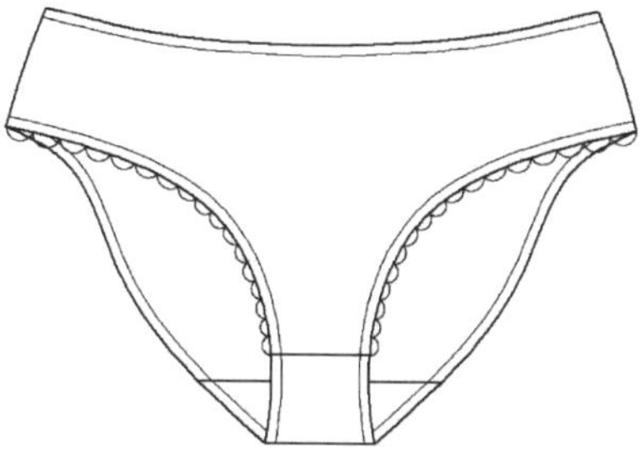

图 3-28　花式内裤

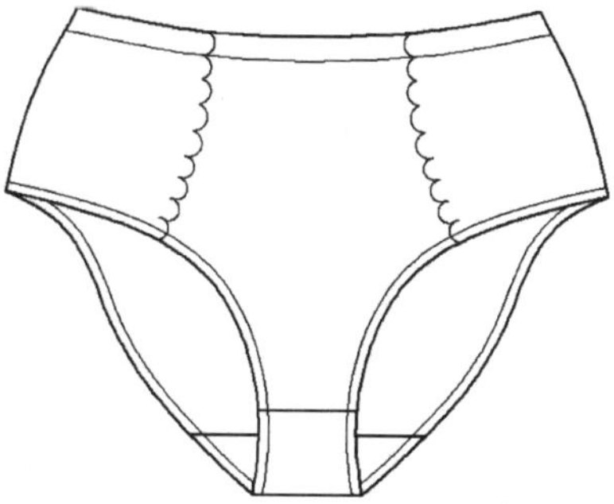

图 3-29　改良型内裤

(3)按外形分

内裤按外形可分为三角内裤、丁字裤和平脚短裤，见图 3-30。

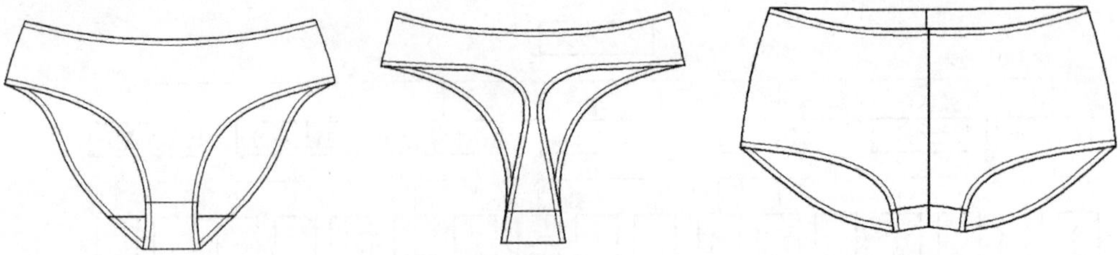

三角内裤　　丁字裤　　平脚短裤

图 3–30　内裤按外形分类

(4)按腰线分

内裤按腰线可分为低腰裤、中腰裤和高腰裤三种，它们的特点与搭配见表 3–5。

表 3 – 5　低腰裤、中腰裤和高腰裤对比表

名　称	特　点	搭　配
低腰裤	腰线位置低于肚脐，向下 8cm 以下处	配合时尚服饰搭配
中腰裤	腰线位置在肚脐以下 8cm 内	是最常见的规格与样式，穿着特性与高腰裤类似
高腰裤	腰线位置在肚脐或以上处	高腰的设计较为舒适，兼有保暖功能，对臀形有较好的维护，一般在特殊场合配合特定服装穿着

(5)按性别分

内裤按性别可分为女式内裤和男式内裤，见图 3–31。

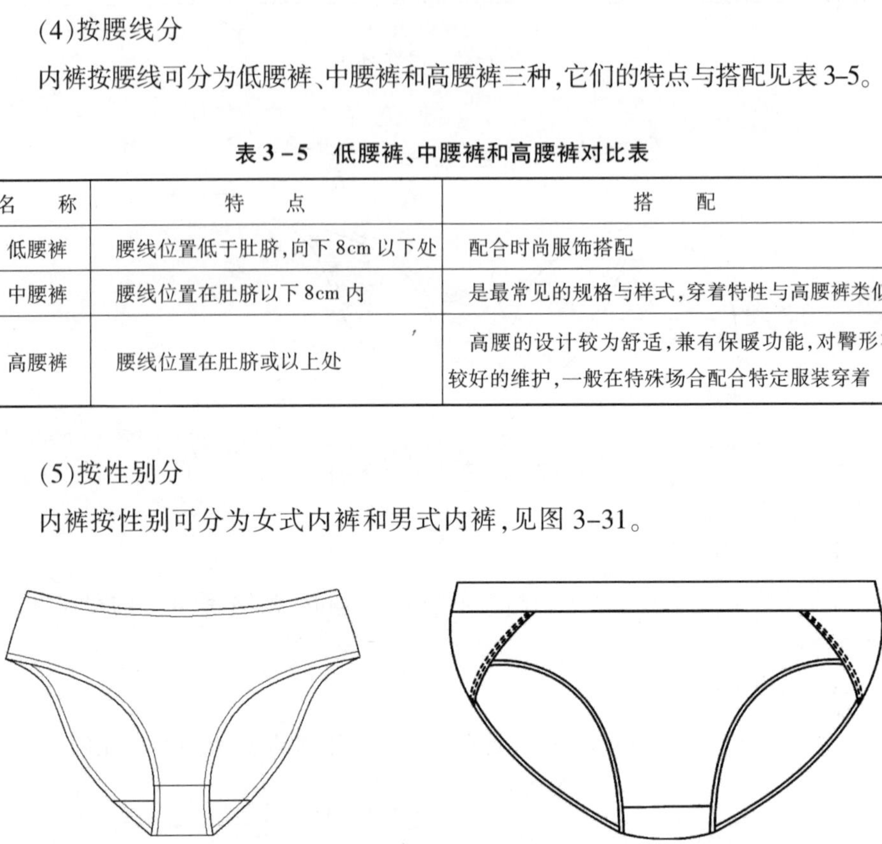

女式内裤　　男式内裤

图 3–31　内裤按性别分类

(6)按长短分

内裤按长短可分为短内裤、中内裤和长内裤，其特点见表 3–6。

表 3 – 6　短内裤、中内裤和长内裤对比表

名　称	特　点
短内裤	是贴身穿的内裤，分三角形、丁字形和平脚形三种款式
中内裤	是秋冬季节女性穿在裙子里面保暖腿部，长度过膝或长至大腿中部的内裤
长内裤	是秋冬季节用于保暖、防护作用，长度至踝关节的内裤

(7)按功能分

内裤按功能可分为孕妇裤和生理裤。孕妇裤是因孕妇的腹围增大而特别设计的,内短裤在底裆和前片的接缝处将前片抽皱,让前片有充足的余量,适应腹围的容量;生理裤是妇女月经期为满足生理需求,在底裆和后片选用密度大的与前片相匹配的面料的内裤。

4. 背心和汗衫的分类

背心和汗衫是近几年较为流行的"内衣外穿"的概念款式。背心可以按长短、材料分类,按长短有短装背心(又称露肚脐背心),长至肚脐稍上处,而其他背心长度一般在腰节处或胯部;按材料主要有合成纤维面料和棉质面料。汗衫则以袖子的长短和材料分类,按袖子长短有长袖、中长袖、短袖和无袖之分;其材料同背心材料。

二、文胸的设计

1. 文胸各部位的结构特点及作用

文胸的设计和女性的乳房密切相关,在设计各种式样时,不仅要起到包裹和保护胸部的作用,还要在设计上体现抬高和集中胸部的目的,见表3-7。

表3-7 文胸结构部位表

名称	结构特点	作用
心位(鸡心)	文胸前中心连接两个罩杯的小梯形。心位有宽窄、高低之分,心位的宽度一般为1~2cm;高心位通常与胸围线平齐,低于胸围线的称为低心位	可以通过减少心位的宽度来拉紧、集中女性的胸部。心位的高低位置很重要,决定着文胸的稳固性和贴体性
上托	是文胸罩杯的上半部分,通常为一整片。上托的上缘线也称为文胸的前幅边,其松紧直接关系到文胸的贴体程度	上托前幅边的形状是文胸造型设计的重点,或平直交错、或流畅优美,是文胸的"脸面",直接决定文胸的风格
下托	是文胸罩杯的下半部分,有一片和两片之分。两片破缝的下托结构更合理、穿着更适体。下托的大小和深浅直接影响罩杯穿着的舒适度和容积	可利用下托的造型抬高和推挤胸部
下扒	是文胸前片罩杯和钢圈下方裹住胸部下围的地方,也是构成胸下围的主要部分。下扒分为心位下扒和侧位下扒,靠近心位的称心位下扒,在侧面的称侧位下扒	下扒部位,为了节省大批量裁剪时的用料,采用破缝拼接
上捆长	是罩杯上侧点向后到中心的长度	
下捆长	在胸下围上,从前中心到后中心的长度	
耳部	是上托与肩带之间的三角部位,通常用花边制成	耳部不仅可以增加肩带的宽度,还可使肩带简单的直线条变化为优美、精致的弯曲线条,强调女性气息
肩带	是连接前后片的带子,通常是单独制作,有长度和宽窄的变化	多数肩带裸露在吊带裙的外面,是设计变化的重点。如花边肩带、网纱肩带以及各种颜色和式样的肩带等

2.文胸的肩带与系扣设计

文胸的肩带与系扣设计有无肩带型、侧带型、环带型、前扣型和侧扣型等类别的设计,这里重点讲解此五种类型,见图3-32。

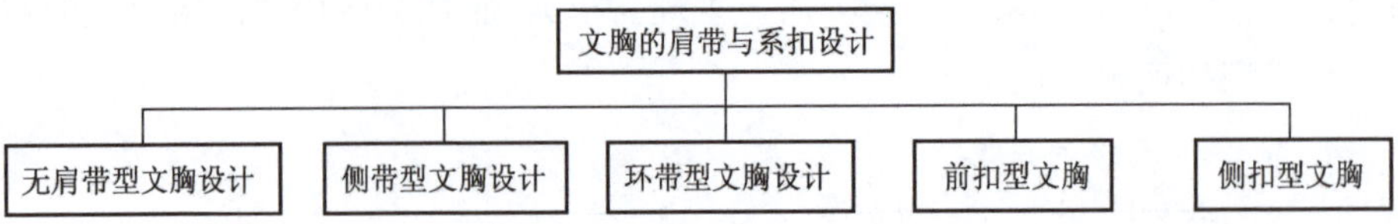

图3-32 文胸的肩带与系扣设计类别

(1)无肩带型文胸结构设计要点(图3-33)

①无肩带型文胸设计的重点是适体性,其胸省设计要贴合人体体型。

②固形性较强,相对较紧身、合体;要控制下托尺寸和后片弹力布的弹力,否则文胸会松垮、下滑。

③与礼服和露肩、齐胸或吊带、背心式服装搭配穿着。

(2)侧带型文胸结构设计要点(图3-34)

①文胸肩带靠肩外侧,使胸部集中靠拢。

②注意肩带的位置和长度,过于偏向外侧或过长,会导致肩带下滑、扭曲而影响外形。

③侧带型文胸适合一字领和横开领等大开领型的服装。

图3-33 无肩带型文胸

图3-34 侧带型文胸

(3)环带型文胸结构设计要点(图 3-35)

①是受中国肚兜款式的启发，其肩带较为独特。

②肩带绕颈，并与颈后连接，适合于有领、露背的服装。

③环带型文胸肩带长度的设计很重要，以使穿戴者舒服为宜。

图 3-35　环带型文胸

(4)前扣型文胸结构设计要点

①胸部向身体前片中间归拢，胸点间距缩短。

②固形性相对较差，牢固度是设计的重点。

③前扣的造型是设计的特色。

(5)侧扣型文胸结构设计要点

①文胸肩带靠肩外侧，使胸部集中靠拢。

②固形性相对较差，牢固度是设计的重点。

③侧扣的造型也是设计的特色。

3.文胸罩杯材料与结构的关系

(1)模杯围文胸(图 3-36)

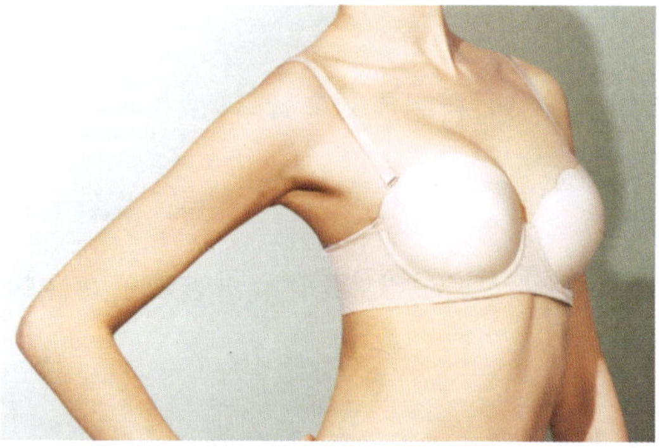

图 3-36　模杯围文胸

模杯围文胸(无缝文胸)的结构设计要素如下：

①适合群体：成人文胸的海绵罩杯较深；少女文胸的罩杯浅，适合胸部较平及瘦弱单薄的女性。

②造型：罩杯正面光洁无缝、完整挺实、独立成型；上罩杯有坚挺、浑圆的造型。

③设计要点：

a. 重点是在不同部位运用各种花边以形成繁与简的对比。

b. 心位的设计越窄越能达到牵制、集中胸部的目的，但是文胸过窄会导致不贴体，出现空、松的现象。心位宽度通常是 1~2cm，其高度通常不超过胸围线以上。

c. 钢圈的软硬、尺寸要适体。

d. 注意文胸下托和肩带的位置。

(2)夹棉围文胸

夹棉围文胸的罩杯是用1000号或2000号蓬松棉，热压成0.2~0.4cm厚度,粘压在两层针织面料之间,通过罩杯裁剪上的变化和下缘钢圈的固定制作而成,通常也简称为“棉围”。

夹棉围文胸的设计要素如下:

①适合群体:

a. 两片式文胸适合胸型标准的女性。

b. 三片式文胸适合成熟、胸部较丰满的女性。

c. 四片式文胸适合胸部丰满的女性和哺乳期妇女使用,可在侧下位加一片,以强化文胸向内挤托的作用。

②造型:罩杯有多种裁剪方法,手感柔软舒适。

③设计要点:

a. 利用破缝吻合胸部的立体形态的特点,运用横开、斜开或竖开的方式进行设计,重塑和矫正人体体型。

b. 利用斜拉的面料和罩杯的胸点向中移、向上移,牵动乳房抬高、集中。

c. 利用侧面衬垫和加厚的设计以及从夹层取下的插片式衬垫设计向中间推挤和抬高胸部。

d. 设计的部位都在胸部的外下侧。

e. 文胸的稳定性和舒适感取决于下托的大小、位置及肩带的长短。

(3)单层文胸

单层文胸是指不加棉衬,罩杯部分用单层面料制成的文胸。体型相对矮小纤细、胸部较平的女性不太适宜穿戴单层文胸。

单层文胸的设计要素如下:

①适合群体:有一片式文胸、两片式文胸、三片式文胸,它突出表现了女性胸部的自然曲线,适合胸部丰满的女性。

②造型:

a. 罩杯有多种裁剪方法,手感柔软舒适。

b. 单层文胸的固形性和塑形性较差,适合胸部较丰满的女性。

c. 两片式和三片式单层文胸是将罩杯破缝成片,面料内附加定型纱,相对来说固形性较好。单层文胸在欧美国家较为流行。

③设计要点:

a. 一片式单层文胸的设计更加讲究,主要利用单层花边的弹力,花边下层不用定型纱,而是通过收省,依靠胸部自然隆起形成造型。

b. 一片式单层文胸在实际运用中，由于其使肌肤更为透露，花边的颜色和位置更能表现出单层文胸的装饰感和性感。

4. 特殊用文胸的结构设计要求

(1)运动围的设计要素

①造型：

a. 利用双层面料或薄的棉衬保护胸部，展现年轻女性胸部的自然造型。

b. 常采用宽肩带，肩带可从前、后片向上连裁，呈 U 字形造型。

c. 固形性相对较差。

②设计要点：

a. 造型简练、单纯、轻松、快捷，运动感强。

b. 在结构设计和裁剪中更多地融入运动背心的款式特点。

c. 运动围通常与同质地的运动短裤搭配穿着，整体感强。

③面料要求：

a. 使用具有良好的透气性及有较强弹力的面料。

b. 伸缩自如、贴身、柔软合体。

(2)少女文胸

少女文胸的设计放在第四章儿童内衣的设计中进行介绍和阐述。

(3)孕妇用文胸(图 3–37)

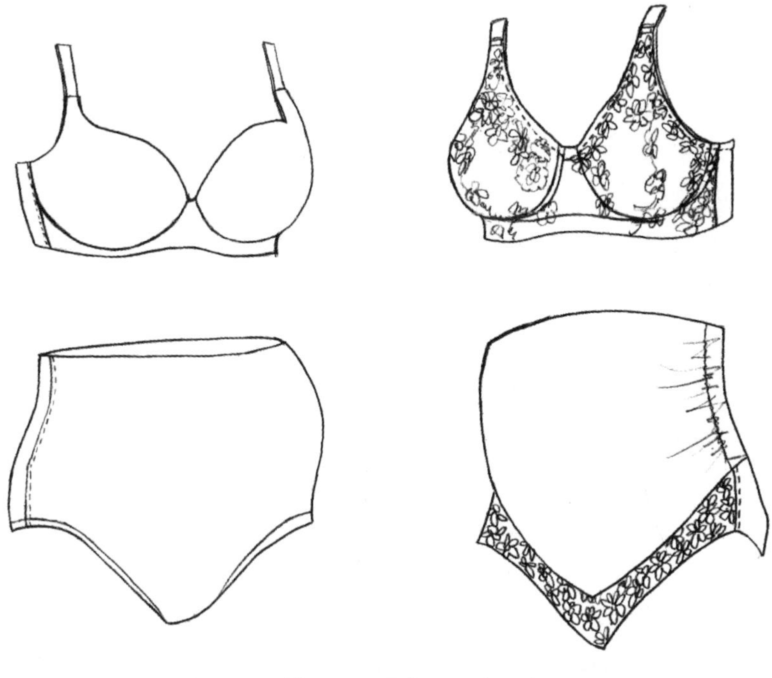

图 3–37　孕妇用文胸

①造型：

a. 孕妇用文胸要舒适合体。

b. 哺乳期文胸要设计为双层，内层托住女性的胸部四周，外层覆盖整个胸部，并在罩杯的上部或中部用扣件扣合。

②设计要点：无需过多的花边和装饰；强调其舒适性和机能性。

③面料要求：强调面料的柔软和舒适性，多用纯棉针织面料。

5.连身文胸

连身文胸可按设计、腰型、后背造型和罩杯进行分类，见图 3–38。

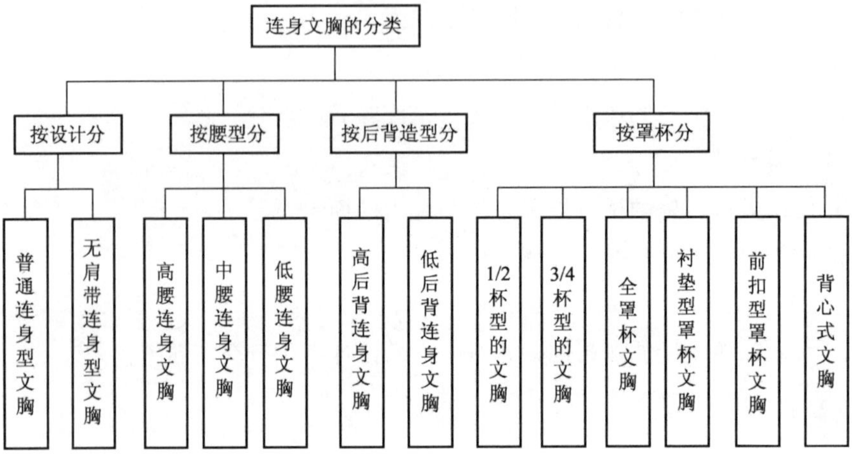

图 3–38　连身文胸的分类

(1)按设计分类

连身文胸按设计可分为普通连身型文胸和无肩带连身型文胸。

(2)按腰型分类

连身文胸的款式有高腰、中腰、低腰之分。

①按腰型分类连身文胸的设计要点：

a. 腰封、腰腹、上腹、下腹和腰位两侧，都是连身型文胸的重点设计部位。

b. 裁剪和材料更加讲究束体的功能。

c. 利用裁片和鱼骨，借助于面料的弹性上托胸部，收紧胸部至腰部。

d. 腰腹部一般采用立体裁剪的方法。

e. 矫形功能和装饰感强，裁剪难度较高。

f. 常运用定型纱、弹力较强的弹性面料与超细高弹针织面料进行双层设计。

g. 风格多样、变化丰富，适合在着装晚装或紧身服装时穿用。

②高腰连身文胸设计要点(图 3–39)：

a. 是文胸与局部腰封结合的设计。

b. 能收紧胸腰的曲线,对胸部有更好的支撑力,适合做无肩带设计。

c. 具有华丽感,适合在礼服和紧身衣内穿着。

③中腰连身文胸设计:是文胸和腰封的结合设计;强调从胸部到腰位的曲线变化,见图 3–40。

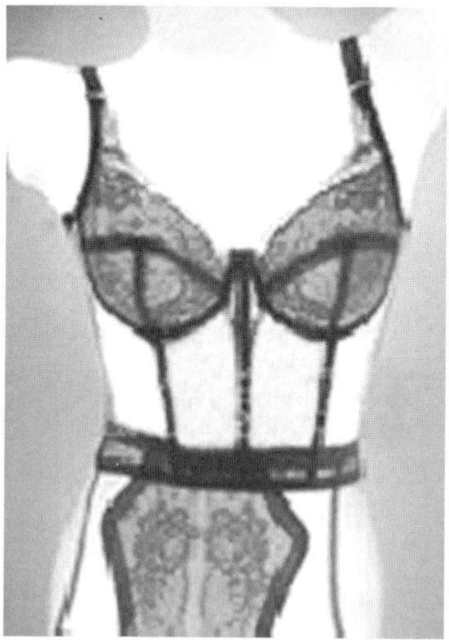

图 3–39　高腰连身文胸

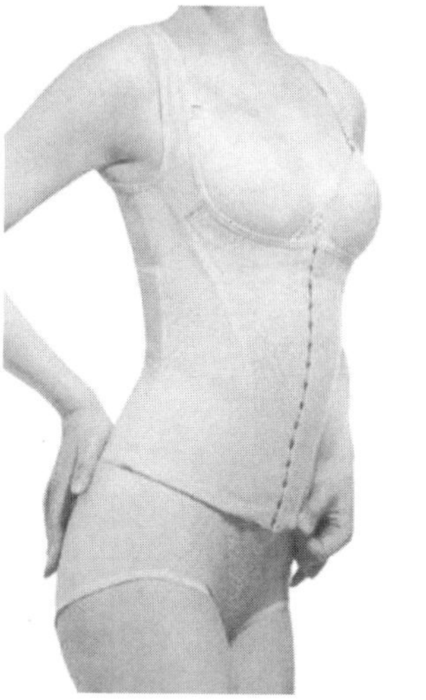

图 3–40　中腰连身文胸

④低腰连身文胸设计要点(图 3–41)：

a. 将文胸、腰封、束裤三者结合为一体。

b. 整体地塑造和改善身体外形，矫形性强。

c. 将吊袜带与文胸下缘结合在一起,增加其功能性,形成整体设计。

d. 小腹突出或腰部肌肉松软者不适合穿着。

(3)按后背造型分类

连身文胸按后背造型可分为高后背连身文胸和低后背连身文胸,见图 3–42。

①高后背连身文胸的特点：与文胸的前部持平;固形性较好,包裹胸部,整体塑

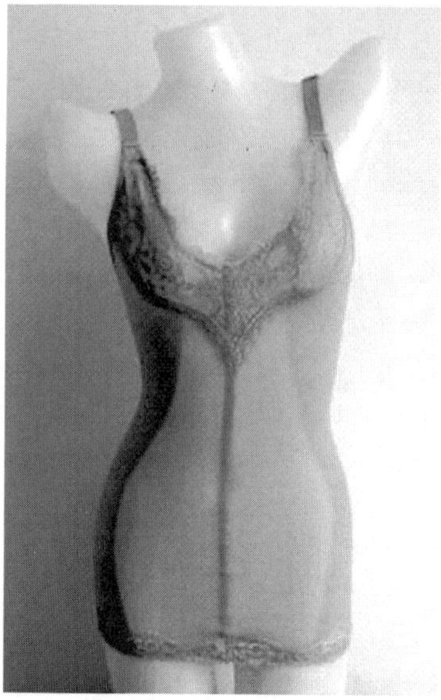

图 3–41　低腰连身文胸

高后背设计

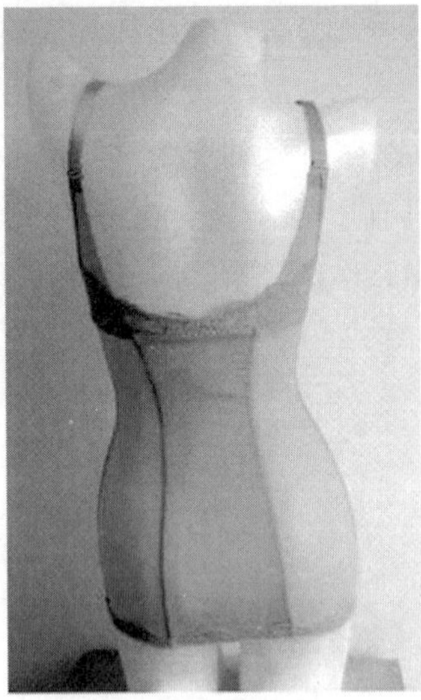

低后背设计

图 3-42 连身文胸按后背造型分类

形好。

②低后背连身文胸的特点：从文胸侧缝线向后斜拉，钩扣位置低于胸围线，在腰围附近；固形性稍差，适合搭配婚纱、晚礼服和露背装。

(4)按罩杯分类

连身文胸的罩杯可以设计成全罩杯、3/4 罩杯、1/2 罩杯，既可用杯围、棉围，也可制成单层文胸。

①1/2 杯型的文胸：结构表现为罩杯横开、斜开或者竖开，形成上下或左右两片的造型，里面加定型纱，固定性较好，承托力均匀，使胸部隆起丰满，适合胸部较小的年轻女性，提升胸部的效果较好。

②3/4 杯型的文胸：下厚上薄的 3/4 杯型文胸，能通过罩杯的侧压力令胸部肌肉向上侧及中央集中，让胸脯上部微微露出，尤其是配合前扣式的设计更能矫正身形，呈现丰腴、自然的曲线。

③全罩杯文胸：具有下厚上薄的特点，适合胸部平坦的女性穿着，全罩杯的密合度较好，在弯腰的时候不易发生尴尬现象。

④衬垫型罩杯文胸：通过在罩杯下方、侧方加上衬垫，达到推举胸部的目的。衬垫有固定型和插片型两种，材料多为蓬松棉或海绵及硅胶制成的衬垫。

⑤前扣型罩杯文胸：将钩扣调至胸前，其拉力和其他文胸不同，将胸部向身体前片中间归拢，使胸点间距缩短，展现胸部丰满曲线。

⑥背心式文胸：穿着柔软、舒适，没有紧箍的感觉；附有衬垫，不会使乳头凸现；充分包裹胸部，可以防止运动时滑落，饰有弹力花边，自然贴身。后背两侧接

有弹性的弹力面料，用肩带和后背的挂钩固定，肩带和下围较宽，也适合胸部较平、身材娇小、单薄清瘦的女性。

三、内裤的设计

1.男子内裤

随着健身运动与休闲生活方式的兴起，人们观念的改变带来了男式内裤消费需求和着装方式的改变。目前男性内裤正从四角宽松内裤的传统模式中突破，逐渐向运动化、情趣化、性感化发展，旨在展现男人的健康体魄和阳刚之美，见图3-43、图3-44。

(1)平脚裤设计要点(图3-43)

①裆门口结构分交叉式和折叠式，有时配有内口袋。

②裆门口结构处、后腰处的线形造型可以变化。

③成年男子内裤色彩以体现深重、沉着为主。

④图案在松紧腰带、右上部位或左裤脚用字母、条纹、肌理纹样为点缀。

⑤利用弹性材料起到合体的作用。

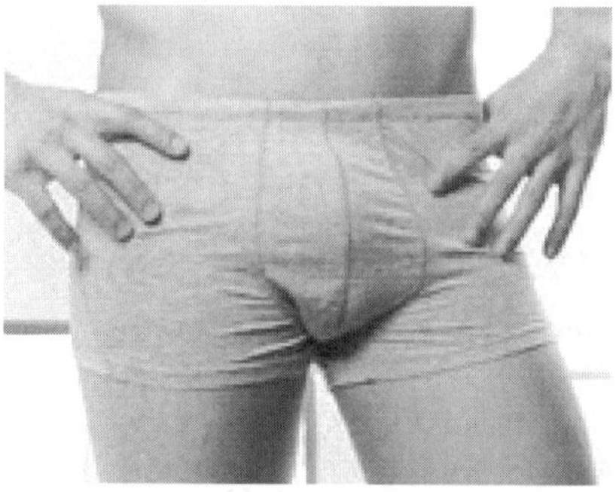

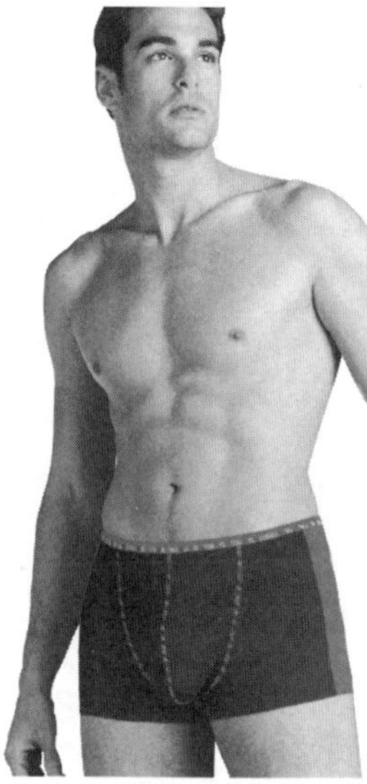

图3-43 平脚裤

(2)三角裤设计要点(图4-44)

①裆门口结构分交叉式和折叠式。

②裆门口结构线的线形造型可以变化。

③成年男子内裤色彩及图案与平脚裤相仿。

④利用弹性材料和分割式裁剪的方法达到贴体的效果。

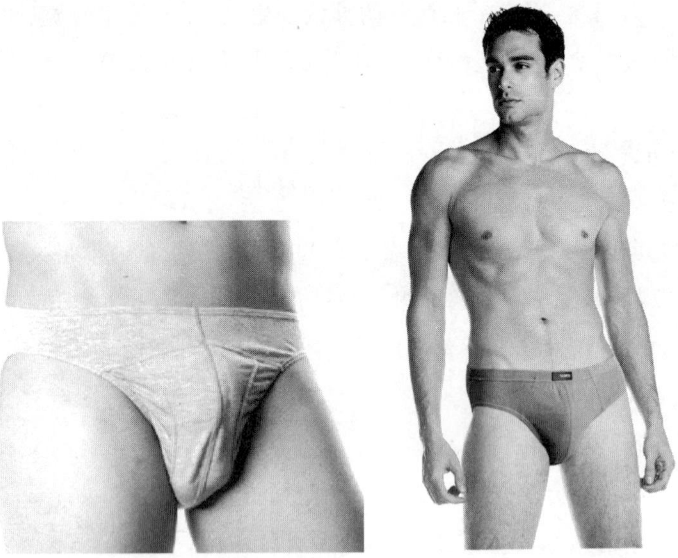

图 3-44　三角裤

(3)中内裤和长内裤设计要点

①篷门口结构与短内裤相同。

②成年男子中内裤和长内裤色彩同样以体现深重、沉着为主。

③图案主要体现在裤的内侧或外侧,由机车缝出的不同几何纹样的线迹装饰。

④利用弹性材料和分割式裁剪的方法达到贴体的效果。

男式内裤在传统的三角裤和平脚裤基础上向更短和更长的两个方向发展。更短是指胯部宽窄不一的丁字裤,适合年轻男子穿着,窄胯丁字裤已发展到胯部只有一条松紧带,适应生理排汗、剧烈运动的要求;更长是指宽松长腿内裤,裤腿到大腿上半部,一般在前门襟处钉扣,这种内裤没有裹紧臀与腿的压迫感,受到胖人和老年人的欢迎。此外,兜裆的结构线条分割有调整和修饰身体曲线的作用,力求表现男性的阳刚之气。大块面的分割将淡化年龄、层次的差异,适合于时尚、健康的消费群体。

2. **女子内裤**

女子基础内裤的设计相对简洁,功能也相对简单。

(1)短内裤的设计要点(图 3-45)

①裁剪简单,强调平面结构。

②款式有齐腰、中腰、低腰之分,亦有三角和平脚的款式。

③用各色花边装饰腰头、裤脚边。

图 3-45　女子短内裤

④略有弹性的单层针织面料，调整体型的能力较差，适合体型略有变化的女性。

(2)中内裤和长内裤的设计要点

①裁剪简单流畅，强调平面结构。

②成年女子中内裤和长内裤的色彩以温馨的暖色和黑白灰色系为主。

③图案以花卉、印花纹样为主。

④利用弹性材料和分割式裁剪的方法达到贴体的效果。

四、背心与汗衫的设计

1.背心

(1)男子背心的设计要点

①领口结构分圆形领、大小 V 形领和 U 形领。

②有运动、休闲、时装等不同款式风格。

③前后片简洁大方，左下摆、左上胸或肩处有镶嵌或字母、条纹、肌理纹样的印花图案。

④根据青年、中年、老年三个不同年龄层次的特征，组合成纯色、鲜艳的色彩系列；深重、沉着的间色系列以及黑白灰系列。

⑤材料以纯棉或弹性材料为主，达到舒适的效果。

(2)女子背心的设计要点

①领口结构分大小圆形领、V形领和U形领。

②肩带款式多样(如吊带和系带),宽窄不一,有运动、休闲、时装等不同风格。

③造型呈A形、H形或X形,胸前、腰位、下摆或左上胸、肩处有镶嵌或各种肌理纹样的印花图案。

④色彩丰富,针对20~25岁、25~30岁、30~40岁、40~45岁、45~50岁及50岁以上不同年龄段的女性,采用浅色、暖色、中性色、冷色等组合系列设计。

⑤选择纯棉或弹性材料,达到舒适、美观的效果。

2.汗衫

(1)男子汗衫的设计要点

①领口结构分大小圆形领、V形领和U形领。

②袖口分无袖、短袖、插肩袖等款式。

③前后片简洁大方,胸前、左下摆或左上胸、肩处利用缝迹线、镶嵌等工艺手法以及各种大小条纹、肌理纹样等印花图案进行组合拼接。

④色彩、材料的组合方法与背心设计相同。

(2)女子汗衫的设计要点

①领口结构分大小圆形领、V形领、横开领和U形领。

②款式有运动、休闲、时装等不同风格。

③袖口分无袖、短袖、插肩袖等款式。

④造型呈H形、X形,胸前、腰位、下摆或左上胸、肩处运用各种工艺手法或各种肌理纹样的印花图案组合。

⑤色彩和材料的组合方法与背心设计相同。

第三节　美体内衣的设计

美体内衣的功能主要是塑造形体,以女性内衣为主,因而其设计要围绕着女性为中心展开。

一、美体内衣的分类

功能性内衣中的美体内衣,即塑形内衣,包括骨衣、束衣、束腰、束裤、吊袜带等,它们分别针对身体的胸、腰、臀等部位,从技术手段上起到纠正和塑造形体的作用,美体内衣的分类见图3-46。

这里主要阐述束衣与束裤的设计。

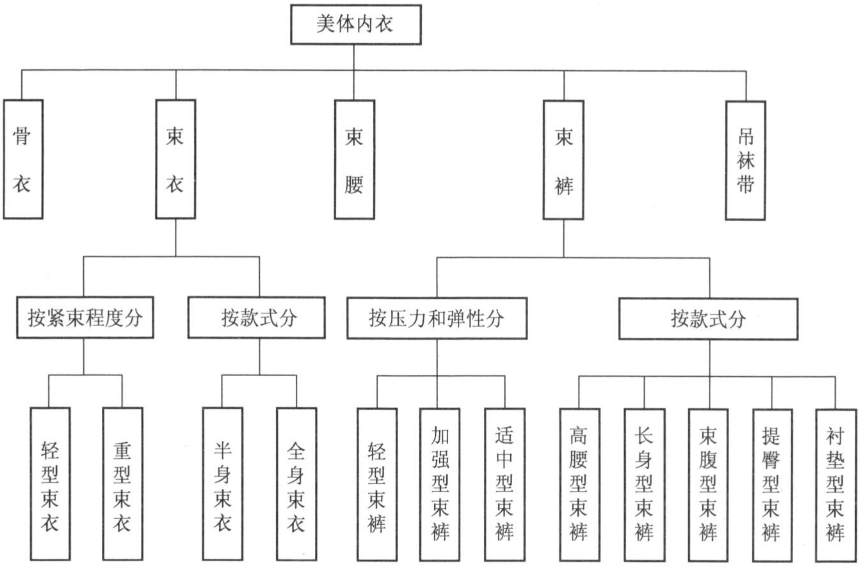

图 3-46 美体内衣的分类

二、束衣的设计

1.**轻型束衣的设计要点**(图 3-47)

(1)造型和结构上变化较多,不需要过多地矫形和补正人体,适合年轻女性在正式场合、穿礼服或紧身服装时贴身穿着。

(2)装饰感强,性感且浪漫,花边的运用和装饰部位的选择是设计的重点。

(3)多用花边和单层面料,透明花边或单层面料花边交错重叠,透空肌肤形成丰富的图案效果;不完全包体,充分展现女性性感、迷人、娇媚、成熟的体态。

(4)腰腹部位可采用斜裁方式,并用双层弹力布收紧。

(5)外观单薄、轻盈,矫形性相对较差。

2.**重型束衣的设计要点**(图 3-48)

(1)文胸、腰封、束裤三件内衣连为一体,设计时应考虑身体的长度和底裆的位置,底裆部位开口,用按扣扣合。束衣的工艺和缝制较为讲究。

(2)在束衣整体、全面的矫形性上,利用面料的多层裁剪、重叠,形成面料的相互牵制,强化对胸部、腰部、臀部曲线的塑造。

图 3-47 轻型束衣

图 3-48　重型束衣

(3)在胸部利用文胸两侧下托及罩杯下侧的支持和推挤,使下垂的胸部集中、高耸。利用重型束衣对身体的全面包裹,收紧腋下的赘肉。

(4)在前片中心线里层用挂扣系结,与拉链结合,用双层的力量塑造平坦的腹部。

(5)后片中心开口平坦、贴体;前片中心开口应便于穿着,扣系美观、平整、方便。

(6)腹部通常用两至三层的弹力面料或弹力花边,加强束衣的束缚力。腰腹前侧及腰省的部位使用专用的、柔软、有韧性的金属鱼骨。纵向支撑腰、背部的破缝和分割线,后背部采用双层弹力面料束紧腰侧。

(7)为了解决女性臀部扁平和下垂的问题,使女性展现浑圆、高挺的臀部,矫正体型、重塑美好的曲线,重型束衣的臀部设计通常采用 U 形和 W 形两种方式。

(8)相对弹性小、整形性强。束衣的材料常采用弹力网、弹力面料、超薄弹性纤维、定型纱等。

三、束裤的设计

不同体型的女性,其臀部的后面、侧面的形状也有所不同。除了正常标准体型外,其余的体型都需要穿着束裤来矫正和修饰。

束裤的种类很多,可针对不同的体型,主要有以压力和弹性分类及以款式分类两种。

1.按压力和弹性分类的束裤设计

图 3-49　轻型束裤

(1)轻型束裤的设计要点(图 3-49)

①裁剪简单,强调平面结构。

②通常采用略有弹性的单层针织面料,调整体型的能力较差,适合体型略有变化的女性。

(2)加强型束裤的设计要点(图 3-50)

①选择强弹力的面料多层缝制,承托力较强。

②采用立体裁剪,裁剪复杂,多块面料、多层次拼缝。

③通常为长身、包腿设计，矫形效果好。

(3)适中型束裤的设计要点(图 3-51)

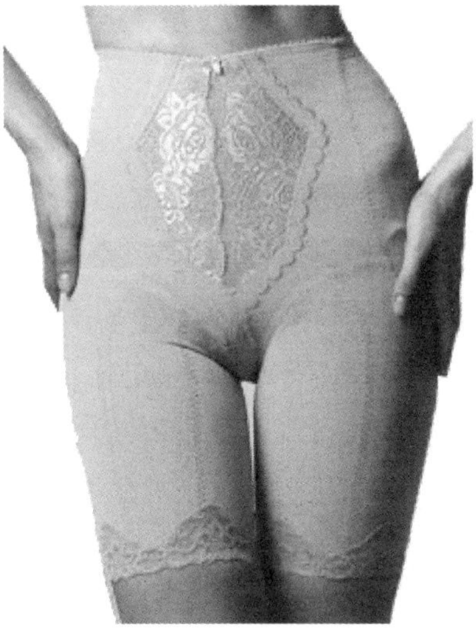

图 3-50　加强型束裤

图 3-51　适中型束裤

①双层面料叠合缝制，具有一定的矫形功能。

②部分位置可矫正和重塑人体，适合体型略有变化的女性。

2.按款式分类的束裤设计

(1)高腰型束裤的设计要点(图 3-52)

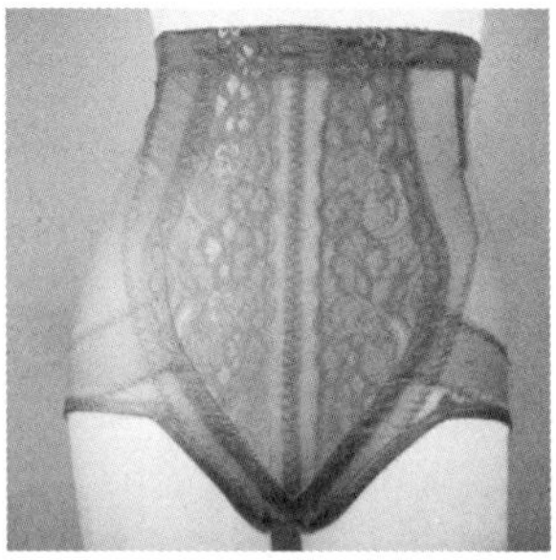

图 3-52　高腰型束裤

①针对腰部较粗、臀部下垂的女性。

②在腰围正面、侧面进行双层设计。

③高腰裁剪突出腰部。

④腰线越高，对腰部的修饰能力越强。

(2)长身型束裤的设计要点(图 3-53)

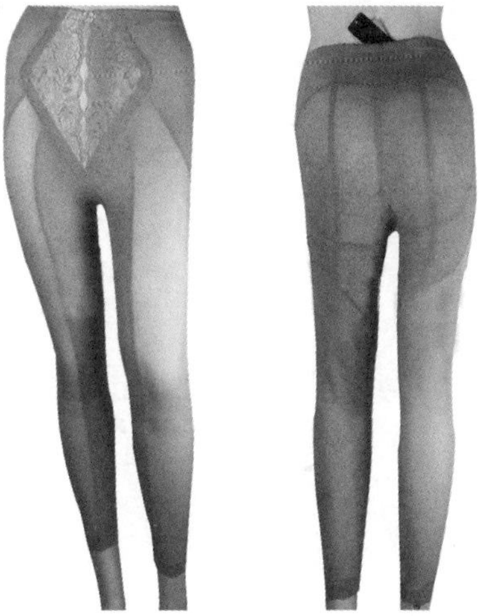

图 3-53　长身型束裤

①针对臀部下垂、大腿根部较粗的女性，采用连裤的形式。

②对臀部具有矫形功能、承

托性强。

(3)束腹型束裤的设计要点(图 3-54)

①前片设计中采用两层到三层的强弹力面料强行收紧腹部。

②采用"菱形"收腹裁剪和多层重叠交错裁剪的方式。

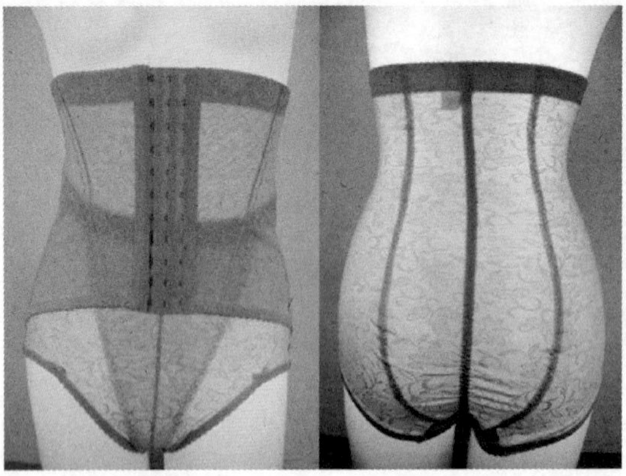

图 3-54 束腹型束裤

(4)提臀型束裤的设计要点(图 3-55)

①用较厚的弹力面料从前片腰部斜拉过侧缝,再围裹臀部下围至后中心线。

②用一层弹性面料覆盖臀部,调整和提臀。

③后片还可使用"U"字形的底衬,以达到将臀部整体上拉的效果。

(5)衬垫型束裤的设计要点(图 3-56)

①针对臀部过于扁平的女性。

②在臀部最高处加衬垫处理,使其略显丰满。

束裤使用的面料功能性强,以单色如黑、白、灰和肉色为主,图案以蕾丝与面料相间组合居多。

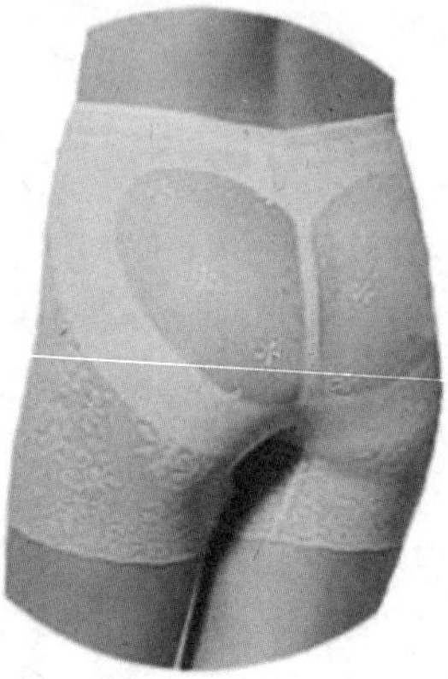

图 3-55 提臀型束裤

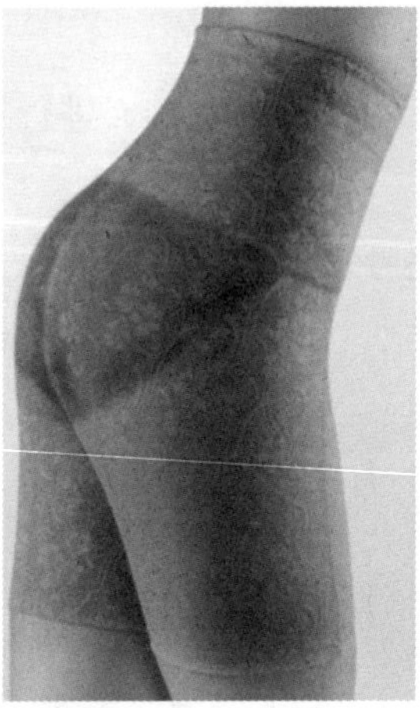

图 3-56 衬垫型束裤

第四节　装饰内衣的设计

装饰内衣是指对外衣起衬垫作用，又可在室内穿着的内衣。其设计的功能和目的要有区别。

一、装饰内衣的分类

装饰内衣的品类以家居环境为主，有衬衣裙、吊带背心、吊带裙、睡衣、家居服等，见图 3-57。

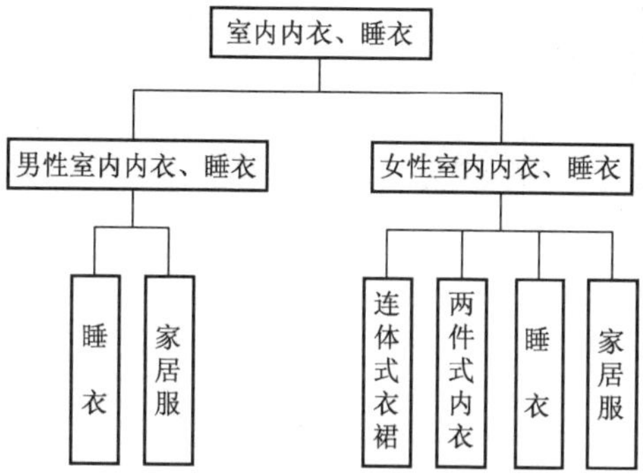

图 3-57　装饰内衣的分类

在室内穿着的衣裙式内衣和两件式内衣，它们的穿着范围比睡衣还要小。衬裙式的室内内衣可以穿在外裙的里面，起到保护和遮挡的作用。而过多花边、褶皱装饰的室内内衣则不能穿在外衣里面，否则会使外衣不平整、不美观。

1. 连体式衣裙（图 3-58）

连体式衣裙属装饰内衣的范畴。它既可贴身穿着作为室内内衣，又可穿在内衣和外套之间，作为衬裙使用。连体式衣裙的使用一方面便于外套的穿脱，并避免人体的汗液污染外套；另一方面可借助连体式遮掩和修饰人体体型的不足，同时当外衣过于透明时，可有效地遮挡身体，并美化身体。

连体式衣裙在款式上有长短之分。长的连体式衣裙可长至小腿踝关节处，短的衣裙长度一般在膝盖以上 10~15cm 处。连体式衣裙上身以吊带式和背心式为主，下摆多为直身形和小 A 字形。

有的连体式衣裙胸部结构较固定、厚挺，兼有文胸的功能，也叫"连文胸式衣裙"，是将文胸和衣裙结合在一起的式样。

2. 两件式内衣(图 3-59)

两件式内衣属于真正的室内内衣,只可在室内穿着。上衣为细带背心式,下装是松身的短裤,造型宽松舒适、活动方便。

图 3-58 连体式衣裙

图 3-59 两件式内衣

3. 睡衣(图 3-60)

睡衣专指在睡眠时穿着的服饰。款式分吊带式、分体式、连身式等。

4. 家居服(图 3-61)

2008 年 7 月 4 日, 首届 9·15 中国家居服日启动新闻发布会在中国大酒店召开。随着家居服文化及理念越来越深入民心,家居服专业委员会创立了国内第一个行业节日——中国家居服日,并确定为每年的 9 月 15 日。

图 3-60 睡衣

图 3-61 家居服

家居服是室内内衣的一种，非睡眠时穿着的内衣称为家居服。

二、室内睡衣的设计

室内睡衣的设计主要遵循以下要点。

1. 造型

(1)宽松适体。

(2)风格上以舒适、轻松、安逸为主。

(3)装饰上以简洁、明快为主。

2. 面料

(1)需具有较强的舒适性和吸湿性。

(2)多选用纯天然面料，以纯棉织物和真丝织物为主。

3. 色彩

选用朦胧、柔和、温馨的粉色或浅色色系。

4. 图案

多为大小花卉、植物纹样。

5. 款式

(1)上下两件式。

(2)连体的睡袍式。

三、室内内衣的设计

室内内衣的设计主要遵循以下要点。

1. 面料

(1)质地需滑爽、柔软、轻飘，选用真丝绉类、纱类和缎类织物搭配花边和刺绣作为装饰。

(2)选用透明或半透明的织物。

2. 色彩

(1)以素净淡雅和柔和的浅色为主。

(2)也用黑色、紫色、大红色、金色及银色，表现直率、浓情的风格和情趣。

3. 图案

(1)女装多用小碎花、细条格传达女性的细腻和柔情。

(2)男装多用粗细条格表现男性的刚毅和健美。

4. 款式

(1)连体式衬裙(图 3-62)

①突现穿着者的女性气质，多用花边装饰衬裙的胸部和下摆。

图 3-62 连体式衬裙

②造型上相对比较合体、简洁，色彩上以纯色和浅色为主。

③可选用弹性针织面料和真丝面料表现内衣飘逸滑爽的效果。

(2)两件式内衣

①造型宽松舒适、活动方便。

②以女性的胸部作为重点设计部位，多用透明的花边和刺绣作为装饰。

③采用柔软、具有悬垂性的真丝织物，图案和色彩比较随意，可选用各种花卉、条格纹样的面料。

(3)男式室内内衣

①造型宽松舒适、活动方便。

②设计时以男性的领部为重点，多用色彩作为装饰。

③采用柔软、具有悬垂性的真丝织物，图案和色彩比较随意，可选用各种植物、条格纹样的面料。

四、家居服的设计

随着人们生活品质的提高，对闲暇时光的重视以及对舒适、温馨的家庭生活的追求，家居服的设计越来越丰富多样。

1. 家居服的设计要素

(1)款式

①家居服不以时髦、流行为目标，而讲求穿着者身心的放松和解放。

②结构简单，一般选用直身、无领、贴袋的设计。

③通常没有收腰和省道变化，放松量很大。

④造型大方宽松、舒适休闲，具体款式有宽松随意的连体装、活动方便的套头式套装、宽大舒适的工装裤等。

(2)面料

主要选用棉质面料和针织面料，以纯棉针织、真丝、纯棉泡泡纱等轻薄、透气的面料为主。

2. 夏季家居服的设计(图 3-63)

(1)款式

相对款式变化少。

(2)色彩

温馨柔和,以轻柔、清爽的粉、紫、灰及黑、白条格为多;体现服装的凉爽、适体,强调淳朴、自然、随意的家庭生活色彩。

(3)面料

纯棉针织、真丝、纯棉泡泡纱等轻薄、透气的面料,舒适程度高。

3. 冬季家居服的设计

(1)款式

以宽大、松身、简洁、方便、舒适且暖和轻松为原则。

(2)色彩

多用暖色调。

(3)面料

选用厚实、保暖的水洗牛仔布、纯棉斜纹布、细条绒和纯棉针织面料等。

家居服的设计要以情侣装、家庭三人装为导向,从设计元素开始,以色彩、图案、材料进行呼应,以节奏、比例等形式美法则进行设计,突出家庭和谐、健康、浪漫的氛围,见图 3-64。

图 3-63 夏季家居服

图 3-64 情侣装家居服

思考题

1. 简述内衣的设计风格与方法。
2. 简述基础内衣的基本结构。
3. 按照不同设计风格设计七款文胸。
4. 设计男女内裤各两个系列,每个系列六款。
5. 设计一个系列四款基础内衣。
6. 设计一个系列四款美体内衣。
7. 设计一个系列四款束裤、束衣。
8. 设计两个系列各四款装饰内衣。

应用设计——

运动休闲内衣、保暖内衣与儿童内衣的设计

课题名称: 运动休闲内衣、保暖内衣与儿童内衣的设计

课题内容: 运动休闲内衣的设计
保暖内衣的设计
儿童内衣的设计

课题时间: 16课时

教学目的: 通过本章教学,使学生了解运动休闲内衣、保暖内衣与儿童内衣的分类,熟练运用形式美的法则,围绕运动休闲内衣、保暖内衣与儿童内衣的设计要素进行设计。

教学方式: 以教学课件和教师课堂讲授同步进行为主,课堂实践操作、讨论以及作业训练为辅的教学方法。

教学要求:
1. 了解运动休闲内衣、保暖内衣与儿童内衣的基本类别。
2. 掌握泳装、健身服、保暖内衣和儿童内衣的设计要素。
3. 熟练运用形式美的法则进行泳装、健身服、保暖内衣和儿童内衣的设计。

第四章　运动休闲内衣、保暖内衣与儿童内衣的设计

第一节　运动休闲内衣的设计

全民健身运动已成为人们日常生活中受追捧的健康活动，运动休闲内衣多为运动中的贴身内衣，其设计应该适应身体运动的旋律，激发运动的活力和激情。本节主要针对体育专项运动服饰中的泳装和健身服进行阐述，其在设计、制作上更靠近内衣。近几年泳衣、健身服在款式、面料、色彩等方面与时尚流行趋势结合得越来越紧密，个性化设计日趋明显。

一、运动休闲内衣的分类

运动休闲内衣有着广阔丰富的市场前景，其市场日趋成熟，品牌如雨后春笋般涌现。为了更好地开拓市场，有必要梳理运动休闲内衣的类别，以利于开拓设计思路。运动休闲内衣的分类见图 4-1。

1.泳装

泳装可大体分为竞技比赛用的专业泳装和休闲泳装两大类。专业泳装设计以竞技比赛为前提，设计要求较为特殊，技术含量高；休闲泳装则以大众健身为基础，设计上要求丰富多样。

(1)专业用的泳装为提高竞技速度，款式上以背心连体式的单件装为主，没有多余的装饰，科技含量高，以减少滑行中的阻力和压力；花样泳装因在比赛中动作变化大，群体组合多样，款式仍以背心连体式的单件装为主，色彩、图案鲜艳夺目，见图 4-2。

(2)休闲类的泳装，有连体单件装、分体两件装、分体多件装，包括与泳装搭配的沙滩装饰用长裙、长巾等。常见休闲类泳装样式见图 4-3。

2. 健身服

健身服是在形体训练和健身时穿着的服装，外形与泳装类似，它是由于近年来健身热潮的兴起而产生的新式运动服装。目前国内销售的主要国外品牌有耐

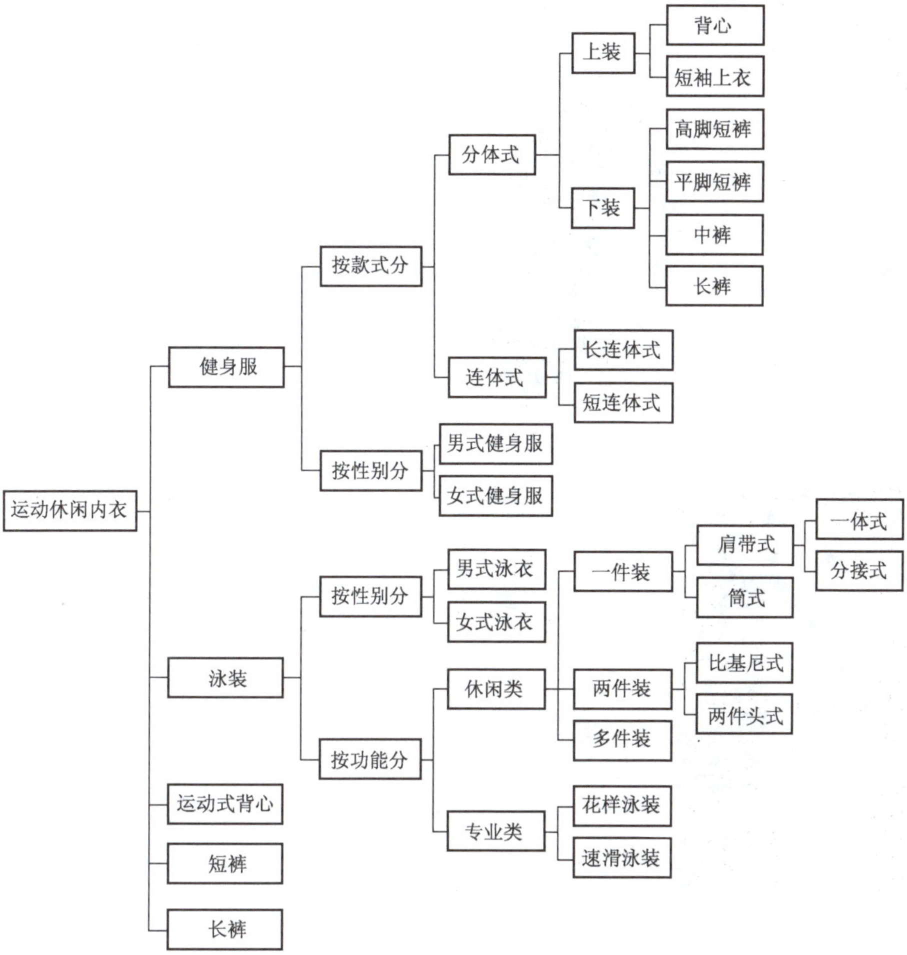

图4-1　运动休闲内衣的分类

图4-2　速滑、水球、花样泳装

吊带式

单肩一件头式

胸部深开的式样

缠绕式样

图4-3 休闲类泳装

克、阿迪达斯、锐步等，国内品牌有李宁、都市田园等。

健身服在款式设计上有分体式和连体式两种。分体式健身服，上装有背心、短袖式上衣，下装有高脚短裤、平脚短裤、中裤及长裤式样；连体式健身服是将背心和短裤连接为一体，有长短之分，见图 4-4。

二、泳装的设计

体育项目中游泳、跳水、水球和花样游泳及公共水域游泳共同构成了游泳运动。最能表现人体清新健美神采的莫过于泳装，泳装的设计体现着时尚、健康、自由和科技的发展。

游泳技术创新是游泳运动发展的重要动力，尤其是高科技运用于泳衣的面料、款式、结构设计中所产生的新式泳衣能使运动员如虎添翼。专业泳衣设计以体育游泳项目中的速滑、水球和花样游泳竞技比赛为前提，设计要素主要体现在功能性和

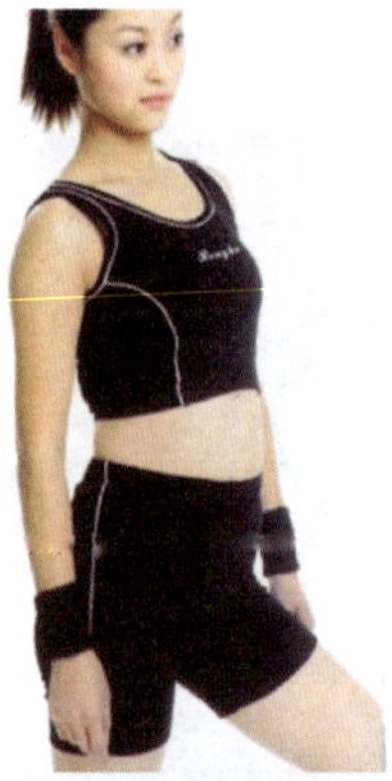

图4-4 健身服

面料上，兼顾美观大方，有着较高的品质和昂贵的价格。

跳水比赛中，运动员将展现起跳、腾空、转体和入水等组合动作，泳衣的造型、色彩、图案设计目标是配合运动员飘逸、舒展、优雅的空中姿态，使观众欣赏到精彩纷呈、赏心悦目的体育运动，得到美的享受；水球是一项在水中进行角逐和对抗的球类运动，图案以运动商标为主，男子着泳裤，女子着泳衣，色彩上以单色为主；花样游泳是奥运会两个“纯”女性项目之一，通过水上和水下完成漂浮、翻腾、转体、旋转、倒立等动作，是表演个人造型和集体编队的项目。

1. 专业泳装的设计要素（图 4–5）

(1)款式

以背心连体式的单件装为主，简洁、明快，没有多余的装饰；速滑泳装从侧胸至侧腰至底裆、肩头至侧腰至底裆进行条状分割。花样泳装款式，用不对称式分割，显得活泼生动，头饰与泳装主体相呼应。

(2)色彩

速滑泳装花色简洁，以纯色和大块拼色设计为多，常以黑色、白色、灰色与其他色彩组合。花样游泳泳装色彩丰富，拼色、烫钻，均结合民族特色；白色、黄色等浅色游泳帽能引起救生者和观众的注意，硅胶质地的游泳帽可以御寒。

图4–5　专业泳装示例图

(3)面料

专业泳装通常由高弹的莱卡或氨纶、腈纶和涤纶等聚酯化合物交织而成，这种高弹力泳装面料光滑、摩擦力小、紧身不沾水，比普通的泳装更加紧身、有弹力；另外，一种鲨鱼皮泳衣，是利用仿生学原理研制成的泳衣，能覆盖运动员除头部和手脚之外的所有部分。穿着这种泳衣既可以减少肌肉的颤动，降低疲劳程度，又可以保持动作不变形，提高在水中滑行的速度。

(4)图案

速滑、水球泳装以商标图案、国徽为主，花样泳装的图案较为时尚、夸张而优雅，公益性强。

(5)风格

风格各异，民族风格的款式庄重大方、鲜艳夺目。

2. 休闲泳装（沙滩泳装）的设计要素

休闲泳装的款式、色彩、面料、图案在装饰风格上都受时装流行因素的影响，见图 4–6。

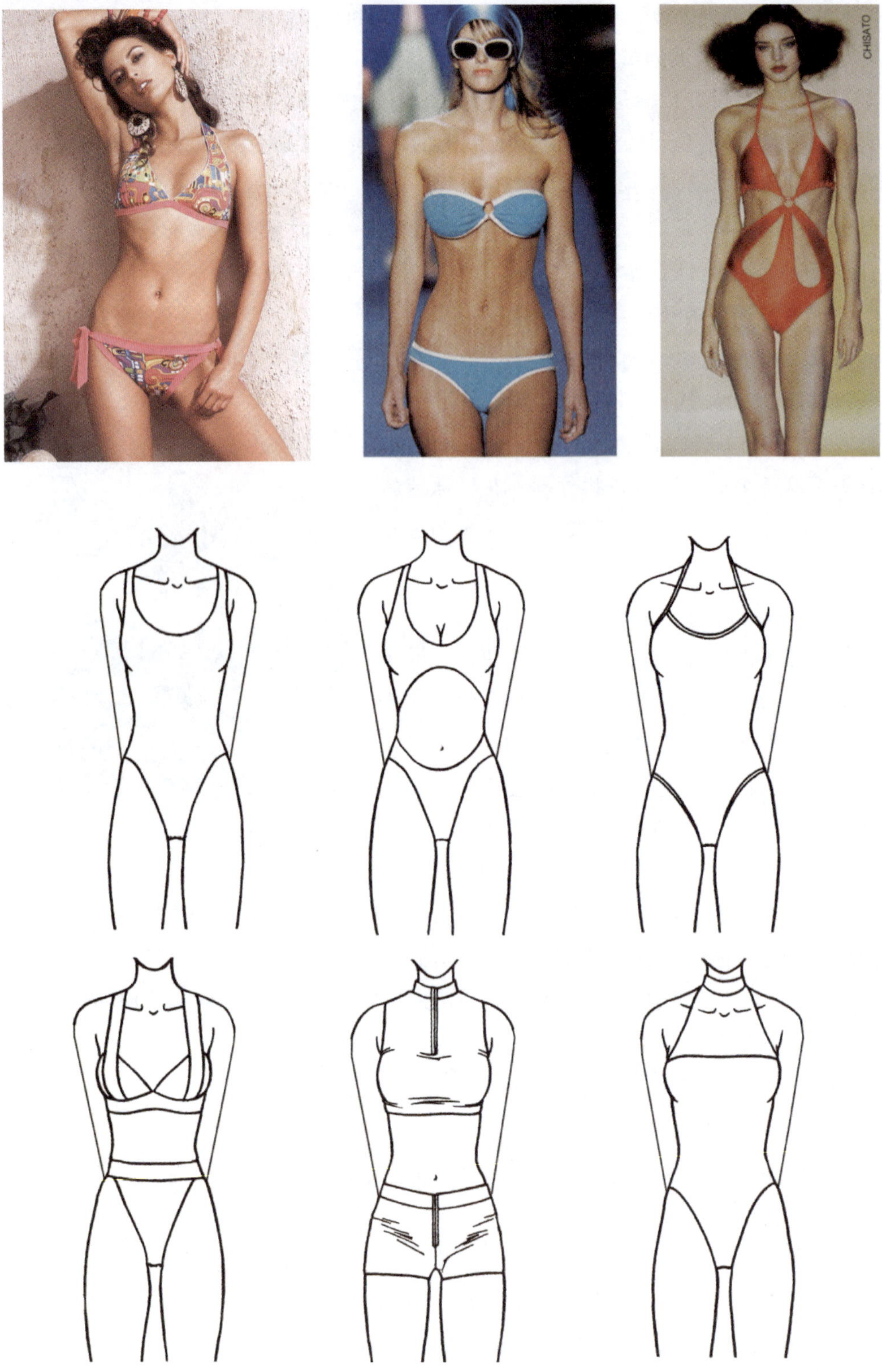

图4-6　休闲泳装示例图

(1)款式

无论是单件连体式还是两件式，女性泳装的设计重点在胸部、腰部和肩带上，而男性泳装则在前后身的上半部分。见图 4–7。

高脚设计

平脚设计

不对称设计

分割设计

男式平脚裤

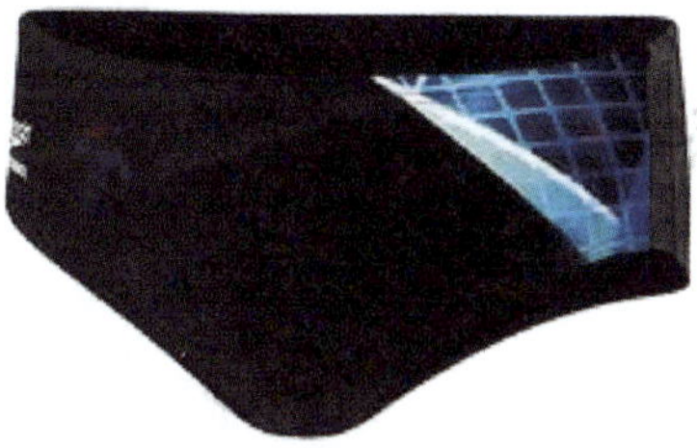

男式三角裤

男式长脚裤

图4–7　休闲泳装款式设计图例

①连体单件泳装，整体造型流畅，长线、曲线的分割能使人产生视觉上人体的苗条效果，适合体胖、肚凸的女性。

②两件式休闲泳装变化多样，适合体态苗条的女性，褶纹、弧形设计、分割式裙装、短裤以及有层次感的露肤设计，这些设计手法和结构更加向时装靠拢。

③领形的前后有深、有浅，常采用 V 领、U 领、露肩、重叠、宽窄等设计形式及对称与不对称的变化；

④肩带有一体式和分接式，其变化多样，如吊带宽窄形式不一、不对称变化或立体缠绕式设计。见图 4–8。

⑤配件设计主要运用同色不同质或金、银色的设计，装饰手法多样，如长巾、肩带环的设计等，见图 4–9。

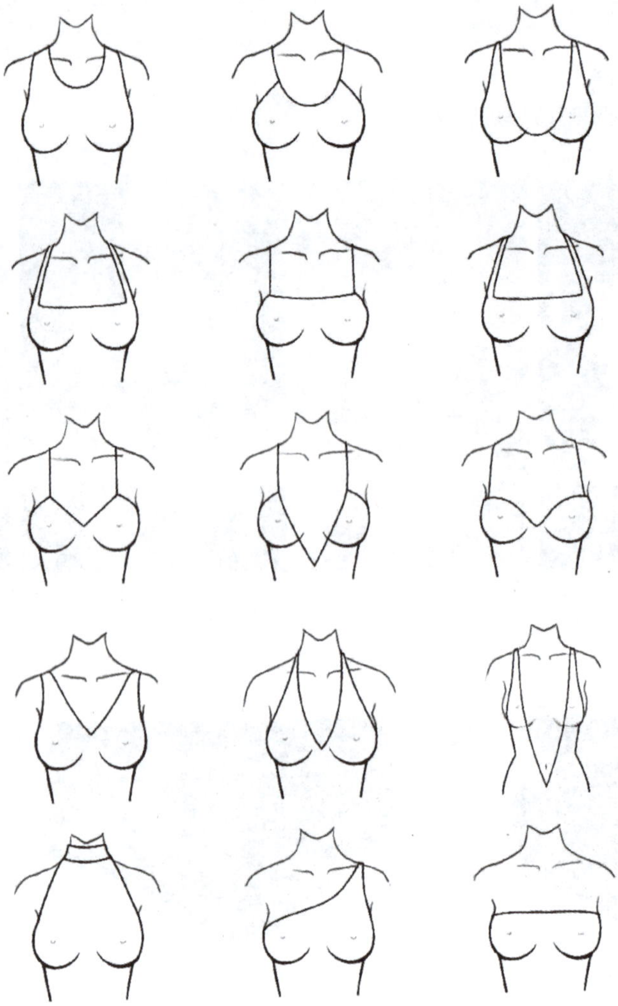

图4-8　休闲泳装的各种肩带设计

图4-9　各种配件设计

(2)色彩

色彩较为浓烈、缤纷,也可将某类色彩贯穿于整个系列,如饱和系列、深色系列、柔和系列、浅色系列、荧光色系列等。

(3)面料

各种弹力面料。

(4)图案(图 4–10)

①浓烈奔放,如大花卉纹样、小碎花纹样等。

②常用三角、长方、斜线、直线、动物纹、金属纹等。

图4–10　休闲泳装的图案设计

(5)风格

或雍容华贵,或简约现代,或个性突出,或浪漫风情,情调各异。

3. 泳装与体型的搭配

泳装为贴身剪裁且用料较少,容易暴露体型缺陷,根据自身体型特点选择对应的泳装款式才能达到最佳着装效果。针对不同体型的泳装设计与选择见表 4–1。

此外,全身白色的泳衣往往是泳装设计时的禁忌,因为浅色的关系,再加上面料不够厚实,一下水就会有透视的尴尬状况,款式设计时要特别注意。

三、健身服的设计要素

健身运动伴以身体各部位的运动,身体关节和四肢的活动幅度相当大,出汗量也大。因此,在服装款式、结构和面料的选择上有独特的要求,见表 4–2、图 4–11 和图 4–12 所示。

表 4－1　泳装设计与选择

体型	细部特征	设　计　与　选　择
A 型	胸部不够丰满，窄小扁平	选择前胸有褶的泳衣款式，呈现立体感的褶纹，或胸部带有弧度线条、V 形分割线、在胸前加有半杯形或比基尼专用胸垫的款式 选择桃红色、黄色等颜色鲜艳的泳衣，衬托着白皙的肤色，款式简单的单色泳衣，可令人体线条更加突出 不规则的大花图案，颜色以鲜色为主，可遮掩突出来的衬垫边
	上身过窄	设计突显锁骨及横膊位的款式，可突显锁骨及横膊位 缠绕式样泳装、深开胸部泳装、拣挂颈、单膊带、低裁剪露肩款式设计能改善视觉效果。
	下身较粗	腰部较粗且欠缺线条类感的女士，不论穿何款泳衣，都要注重颜色的配搭，以便起到收细腰部线条的效果 一件上下身颜色或图案不同的泳衣，可有效地突出腰部的轮廓，使曲线更加玲珑。 三点式或两件式泳装，可将视觉焦点转移至上下位置，腰部视觉上会显得更纤细。 腿部粗壮的女性，穿高衩剪裁的泳衣，或裤侧两边是系带缚绳的款式，在视觉上可令双腿显得较修长，使线条有美感 腰部设计有图案可分散视线。忌穿单色连体泳衣、平脚或短裤式样，会令双腿显得更短
B 型	腰细胯宽	裙式泳衣和分体式泳衣，都能收到不同的效果。裙式泳衣的下摆可以起到遮盖作用，但要注意裙摆的宽度，过于紧身只能起反作用 两件式泳衣由于其中间的分割，减弱了腰部和胯部的对比，从而突出了细腰，并降低了人们对宽胯的注意 臀部丰满者，选择平脚式或短裙式的泳衣，微微翘起的裙摆，上身配上较夸张的图案有转移视线的作用，可有效遮掩肥大的臀部，而短裤或短裙则能有效遮掩丰满的臀部 在泳衣外加条纱巾，可削弱臀肥及腿粗的缺点
H 型	身材扁平	独特造型的泳衣可增加身体的层次和美感，神秘而性感 比基尼可突出线条美，令腰部和腿部看起来更加修长 以素色为主，尽量避免选择色彩鲜艳和图案夸张的款式，虽然这类抢眼的款式可令身材显得较丰满，却不能令身形显得修长 透明材料的运用 有层次感的露肤设计
T 型	胸部丰满	应选择设计简单、平实的深色连身泳衣，既可将体型的线条拉长，又可减少走光的机会。 横向图案能令丰满的上围显得较扁平，两者配合，可令线条更显均匀自然

表 4－2　女子体型与健身服的设计与搭配

女子体型	设　计　与　搭　配
体型高挑	内加短裤的连体式健身服，使身材显得更加颀长、优美
体型纤细	中意高脚或分体设计，以衬托出身材的玲珑
体型瘦长	选用色彩鲜艳，并带有横向块面分割的设计
体型丰满	选用两侧深色、中间浅色的健身服，略显苗条、增添自信

1. 款式

(1)女装

①设计上要体现跳韵律操时的动感,多采用简洁、紧身的款式。

②针对不同体型的女性,避开不理想的部位,多种选择的款式设计。

③采用网眼布或薄型面料的处理方式,运用在背部、腋下和大腿内侧。

④在肩部采用袒肩或露背设计,以满足运动时排汗的需求。

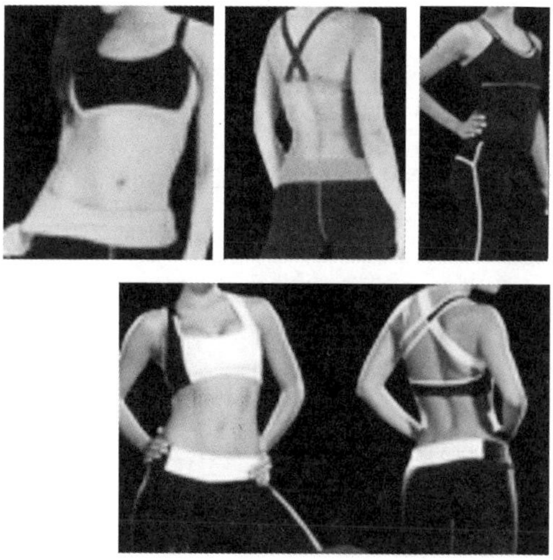

图4-11 女子健身服示例图

⑤健身服的胸部设计采用文胸的结构和裁剪手法,达到固定、保持胸部曲线的作用。

⑥女性胸部作双层设计,或运用结构变化显示胸部,无需衬垫物。

⑦在腰腹部位选用弹力较好的面料。

⑧在公主线、领圈、袖圈部位进行镶边、字母与商标组合的设计。

⑨长、短健身裤常在腰头、侧缝处作色彩对比或同色不同质的处理。

⑩内外款式搭配组合设计。

(2)男装

①设计上要体现男子的阳刚和力量感,多采用简洁、紧身的款式。

②背心的肩带边沿、领圈变化(如V领、U领变化)以及色彩搭配变化;背心左右、中心、下沿是运用图案点缀的部位。

③健美裤(包括长裤、短裤)的腰头、腰侧、腰后片、侧缝有斜线、弧线分割

图4-12 男子健身服示例图

处理,裤下摆有字母和数字的设计表现。

④背心与健美裤的组合注重色彩的搭配、呼应及和谐效果。

(3)男女装组合

①强调设计风格、设计元素,包括款式、色彩、图案等各方面的呼应、对比、和谐、统一。

②整体设计要求热情、奔放,充满活力。

2. 色彩

(1)以动感、大胆、鲜明的色彩为主,以纯度较高的颜色相互搭配,并运用大面积的对比色,表现跳动、快捷的气氛。

(2)融入流行色的组合概念。

3. 面料

(1)选用吸湿性和透气性好的天然材料。

(2)在裁剪时要考虑弹力面料的回缩性,相应的减少裁片的宽度,保证穿着时贴体、紧身,且不束缚人体的运动。

4. 图案

在左胸、裤侧腰、裤摆处以机绣、压印等方式展示商标纹样,表现品牌风格。

第二节　保暖内衣的设计

保暖内衣是一个科技含量相对较高的内衣品类，体现了人类纺织技术的不断进步。2005 年 11 月 1 日我国实施了《针织保暖内衣》新标准,对保暖内衣的保温率、透湿率、透气率、PH 值、甲醛含量等指标提出了更高的具体要求,从而大大加速了保暖内衣的升级换代。

根据人体生理特点和人们对服装的卫生舒适性要求，保暖内衣常实行分区设计,其设计要素主要体现在以下方面。

1. 款式

(1)为了适于搭配各种款式的外衣,保暖内衣领型设计有一字领、半一字领、大小 V 领和 U 领、斜交叉 V 领、大开领、大圆领等,女装领围及胸下线处均饰以精致小条蕾丝,男装领围饰以滚条。

(2)分段式的保暖结构更符合人体结构,采用不同的保暖区(如腹部、背部、胸部、大腿部)使穿着更舒适、塑身且不紧绷。

(3) 裤子高腰设计在塑腰的同时保持腹部热量；中腰设计更适合大众人群。

(4)腰部与裤口设计细致、板型合体、厚度适中，穿着时不会有任何臃肿的感觉。

2. 色彩

(1)以红色、粉红、棕色、深蓝、淡蓝为主。

(2)也采用黑白灰(深灰、中灰、浅灰)无彩色组合。

3. 面料与工艺

(1)通过在两层普通棉织物中夹一层蓬松絮料或超薄薄膜，阻挡皮肤与外界进行热量交换，采用吸湿发热的铜氨纤维面料，超弹的氨纶等复合夹层材料起到保暖效果。

(2)内层结构采用棉纤维，外层采用羊毛纤维并作防缩处理，同时加入天丝；增强了手感及舒适度，是温暖、舒适、贴身且耐穿的材料。

(3)采用领先的“织可穿”(全无缝，一根纱线一体成型)技术，利用羊绒与超细羊毛的结合，内含竹纤维，具有优良的抗菌防臭性能及吸湿放湿性、透气性。

(4)采用棉纱和氨纶丝织造而成，贴身穿着可大大增强整体保暖效果。

(5)在组织结构上采用波纹组织、蜂巢组织与波纹组织、无缝缝合技术及通体立体化编织工艺，在不同程度上起到提臀束腹、弥补身材缺陷的作用。

4. 图案

(1)领口、袖口缝装饰边设计。

(2)脚、腕处挑花的细节处理，凸显雅致。

(3)提花花型。

(4)装饰几何线。

(5)彩条方格。

(6)印花图案。

保暖内衣示例图见图4-13。

图4-13　保暖内衣示例图

第三节　儿童内衣的设计

儿童的身体处于快速发育期，儿童内衣的设计既要考虑儿童的年龄特征和心理特征，又要兼顾家长的消费心理，这是儿童内衣设计的特点。

一、儿童内衣的分类

儿童内衣按年龄通常分为婴儿内衣、幼儿内衣、儿童内衣和少年内衣四大类。

1. 婴儿内衣

婴儿通常指 0~1 岁的小孩，婴儿内衣可按款式分类，见图 4–14。

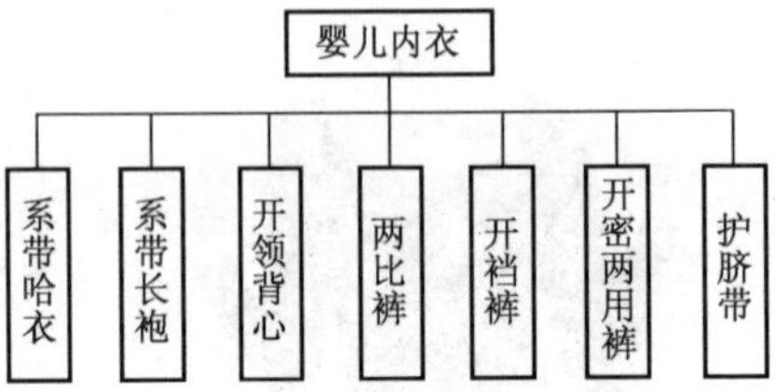

图 4–14　婴儿内衣的分类

2. 幼儿内衣

幼儿指 1~7 岁的小孩，幼儿内衣可按款式、性别、身高分类，见图 4–15、图 4–16 所示。

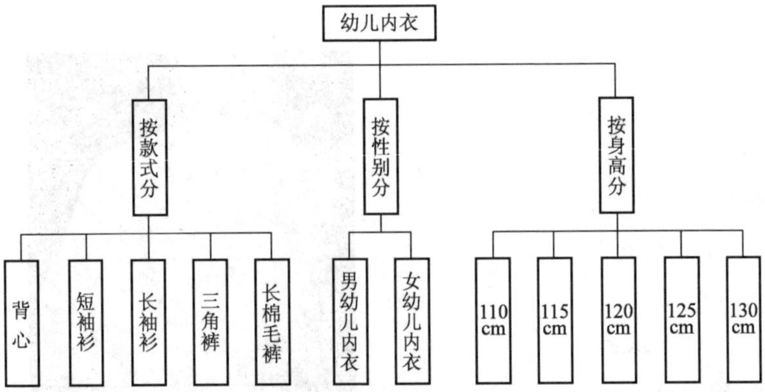

图 4–15　幼儿内衣的分类

3.儿童内衣

儿童是指 7~12 岁的小学时期。儿童内衣可按款式、号型、性别分类，见图 4–17。

4.少年内衣

少年是指 13~16 岁的少男少女时期。可按性别、款式、号型分类，见图 4–18、图 4–19 所示。

男、女人体体型在少年时期逐渐开始发育，特别是少女的胸部开始隆起。小背心是少女胸部发育时期的专用内衣，起到支托和保护胸部的作用；无固型罩杯的文胸，适合胸部发育得较丰满的少女。

图 4–16　幼儿内衣示例图

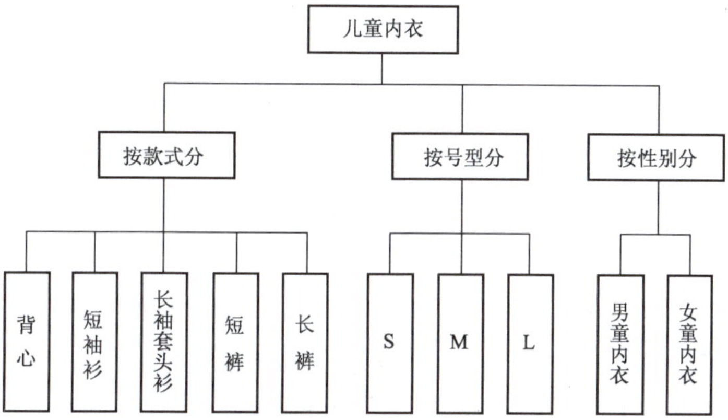

图 4–17　儿童内衣的分类

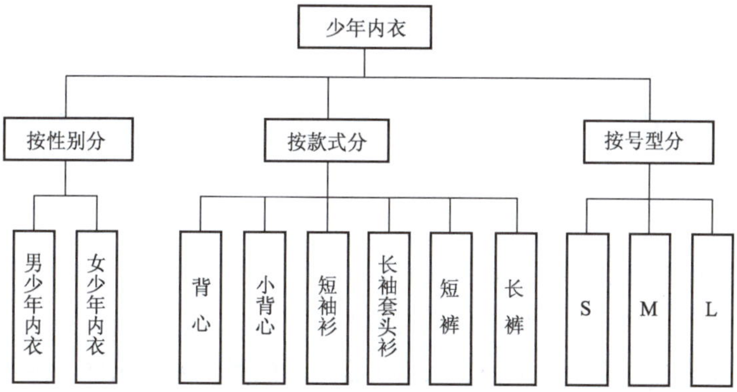

图 4–18　少年内衣的分类

二、婴儿内衣的设计

图 4–19　少年内衣示例图

对于尚不能以言语表达喜好的婴儿来说，为其设计正确合理的内衣尤为重要。在婴儿内衣设计过程中，不仅要考虑作为父母成年人的审美和心理特征，更要考虑婴儿自身的生理和体型特征。总之，婴儿内衣的整体设计要求是：舒适、卫生、健康，以哈贝比 2007 年春夏新款内衣为例，见图 4–20。

1. 款式

(1)要求功能性明确，以简洁、方便为主，避免繁琐累赘，要让宝宝有舒适的感觉。

(2)常采用系带设计(又称扣系设计、开门襟设计)。系带设计方便穿脱，且胸围可以随着婴儿长大而随意放松。此外，婴儿脖颈短，容易溢奶，款式设计需使穿着者舒服，并且便于放小毛巾或围嘴。

(3)婴儿的颈部转动较多，脖子易出汗，因此领子不能太高，最适合婴儿的领型就是圆领。夏天，领口要放低、加大，较易透气；而冬天则要缩小、加高，方便保暖。最好采用袖部与肩部水平的结构设计。

(4)裤子一般设计成背带形式，腰间不宜设计成束带或松紧带，以免影响婴儿胸部发育，造成胸廓畸形；款式以肥大宽松为好，天冷时可以穿连袜裤，使婴儿感到暖和；裤门襟开合要得当，以便于换尿布等清洁工作。

(5)婴儿的肚子比较娇嫩，易受凉，腹部采用重叠设计。

(6)内衣扣合设计尽量用带子固定，避免用金属纽扣或拉链，以免婴儿划伤皮肤或误食。有纽扣的内衣最好选择使用布包扣类。

(7)工艺设计上注重婴儿的身体特点，讲究安全性和舒适性，缝边必须精细光滑，尤其是腋下、手腕等处。

(8)结构设计上尽可能减少缝边或无缝边，或将内衣所有的缝边向外翻或采用无缝缝合技术来生产婴儿内衣。

2. 色彩

(1)婴儿的视觉神经还没有发育完善，所以婴儿内衣色彩最好选用白色，不宜太鲜艳、刺眼，将各种有色染料可能给婴儿带来的伤害降到最低。白色或浅色也有利于发现一些异常情况，比如不正常颜色的粪便或婴儿自己抓破皮肤留下的血迹等，但一些过于白的内衣有可能含有荧光剂，应慎选。

系列	名 称	和尚套装	系带哈衣	系带长袍	前开上衣	两比裤	开密两用裤
鸡仔纱布内衣系列	规格 (cm)	52、59	52、59	52、59	66、73、80	52、59	66、73、80
	颜 色	橙色	橙色	橙色	橙色	橙色	橙色
	款式图					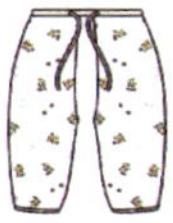	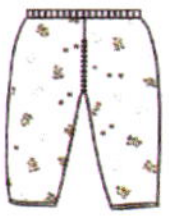
	名 称	婴儿帽	吸汗巾	口水肩	护脐带	手套	脚套
	规格 (cm)	单码	单码	单码	52、40	52、40	52、40
	颜 色	橙色	橙色	蓝／白、橙／白	橙色	橙色	橙色
	款式图			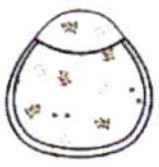			
鱼仔内衣系列（平纹布）	名 称	背心套装	开领背心套装	和尚套装（开裆裤）	短袖套装	长袖肩开套装	和尚哈衣
	规格 (cm)	73、80、90	73、80、90	52、59、66	73、80、90	73、80、90	52、59、66
	颜 色	蓝色、橙色	蓝色、橙色	蓝色、橙色	蓝色、橙色	蓝色、橙色	蓝色、橙色
	款式图						
用品	名 称	莫代尔初生枕	莫代尔初生帽	女童花边帽	花边口水肩	条纹初生帽	条纹脚套
	规格 (cm)	0	0	单码	单码	42、44	52、40
	颜 色	粉蓝、粉橙	粉蓝、粉橙	混色	混色	混色	混色
	款式图	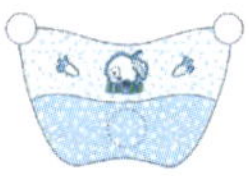					
	名 称	莫代尔脱袖睡袋	熊仔抱被	熊仔抱袋	熊仔定型枕		
	规格 (cm)	0	80cm×80cm	78cm×90cm	45cm×22cm		
	颜 色	粉蓝、粉橙	混色	混色	混色		
	款式图		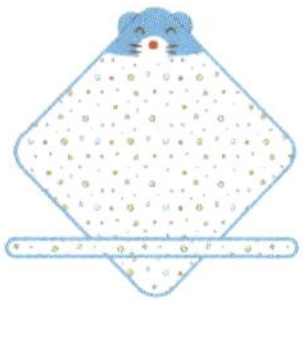				

图 4-20 哈贝比 2007 年春夏新款内衣及用品浏览表

(2)培养色彩的感觉将影响婴儿的一生。所以,婴儿内衣的色彩也不要选用单一的白色,可以根据婴儿的性别和父母的喜好进行选择,多选用鹅黄、淡蓝、浅绿、粉红等柔和的色系。

(3)彩色棉不仅可以避免染料对婴儿细嫩皮肤的刺激,还能为婴儿内衣的色彩设计提供更大的空间。

(4)可运用滚边与面料色彩的对比效果,类似色、同类色的色彩关系进行设计。

3. **面料**

婴儿的生理特点是缺乏体温调节能力,易出汗,排泄次数较多,皮肤娇嫩。因而,婴儿内衣在面料设计方面必须特别重视其舒适性和卫生保健功能。

(1)所选面料应尽可能柔软、轻而有弹性,吸湿性、保暖性和透气性好,能吸附皮肤上的污垢,吸汗后不沾身,衣料上的染料、助剂应对婴儿的皮肤无刺激,并具有耐洗、耐晒、防霉、防菌等性能。

(2)天然纤维面料中的纯棉面料最合适,针织汗布、针织罗纹棉布、针织棉毛布、毛巾布即毛圈纯棉布和针织绒布,常用于制作秋冬季婴儿内衣。此外,超细纤维、陶瓷纤维、牛奶纤维、大豆纤维、生物降解合成纤维等功能性纤维制成的面料也常用于婴儿内衣。

4. **图案**

(1)在胸前、衣角、裤脚边点缀精致小巧的纹样。

(2)多采用碎花设计,简洁的小花卉、小动物以及水果等图案。

新世纪服装的主流是绿色环保、卫生健康,婴儿内衣的设计也将顺应时代的变化,一些新型面料和技术将会在婴儿内衣设计中逐渐体现。

图 4–21 幼儿内衣设计图

三、幼儿内衣的设计

这个时期的儿童处于好动、活泼的年龄阶段,对事物、包括内衣的颜色和款式有一定的认知,会有一些自己的要求。因此,在幼儿内衣设计中有他们身边的一些事物特征,见图 4–21。

1. **款式**

(1)以安全、舒适、简洁、方便为主,满足活动的生理需求。

(2) 幼儿的脖子短,适合无

领、圆领或开口低的小圆翻领设计，领口平坦而柔软，不宜设计复杂的领型和花边；幼儿的背部是比较容易出汗的部位，因此，夏天的领口要放低、加大，较易透气；冬天的领口要缩小、加高，方便保暖。

(3)为训练幼儿自己穿衣服，门襟设计在正前方位置，并使用开合的扣系结构，门襟开合的位置与尺寸须合理。

(4)袖口宽松适合，过紧不利于活动、爬行；

(5)裤子系松紧带，肥大宽松为宜；

(6)工艺设计上注重安全性和舒适性，缝边要精细光滑。

(7)结构设计要求同婴儿内衣。

2. **色彩**

(1) 幼儿的视觉神经开始发育，幼儿内衣色彩可以采用明度较高的浅淡色系，配三原色、对比色和白灰系列作为搭配色。

(2)图案颜色应该鲜艳、跳跃，但慎选含荧光剂的花色图案。

3. **面料**

(1)面料要重视其舒适性和卫生保健功能，具体要求与婴儿面料要求相同。

(2)最好选用伸缩性、透气性和保暖性好，并且柔软的天然纤维面料，如纯棉布、针织汗布、针织罗纹棉布和针织绒布等。

4. **图案**

运用仿生设计如将动物和植物、玩具、文字等设计成动画卡通童话形象图案，尽显浪漫、天真的童趣。

四、儿童内衣的设计

这时期的儿童处于学知识、好问、活泼的年龄阶段，对各种事物的认知逐步成熟，有自己的要求，所以，在儿童内衣设计题材中有他们身边的事物特征。

1. **款式**

(1)以安全、舒适、简洁、方便为主，满足活动的生理需求。

(2)领口、袖口设计以穿着方便和透气、舒适为主。

(3)裤子系松紧带，肥大宽松为宜。

(4)工艺设计要注重安全性和舒适性。

(5)男孩的小背心应简洁、大方，女孩的小背心应可爱、温馨。

2. **色彩**

(1)儿童的视觉神经发育成熟，色彩可以采用粉色、鲜艳色彩系列，配黑白灰系列作为搭配色。

(2)颜色应该鲜艳、活跃、有朝气。

3. **面料**

与幼儿内衣面料相同。

4. **图案**（图 4–22）

(1)运用动物、植物、动画形象、机器人、心形等形象设计成卡通图案。

(2)运用小花边、饰带装饰点缀，但不可多用。

(3)在胸前、衣角、裤脚边点缀小巧、简洁的花卉、线条等图案。

图 4–22　儿童内衣图案设计

五、少年内衣的设计

少男、少女正处于生理和心理状态变化较大的中学时期，也是儿童走向成熟的过渡阶段。此时期男、女性别差异增大，体型逐渐接近成年人。男孩肩膀宽平，身高、体重、胸围尺寸迅速增加；女孩胸部逐渐隆起，臀部突出，显现少女体型特征。

1. **少女内衣**

少女文胸、小背心是根据少女身体发育的不同期间，为保护胸部而专门设计的。少女文胸设计时，把胸部充分包裹，并备有相应的依托，能完全适应身体长期的变化，属于轻压型内衣。少女文胸是文胸设计中的特殊类型，不仅在规格上不同于普通文胸，在功能设计上也不要求具有一般文胸矫形、推挤和美化胸型的作用，见图4-23。

图 4-23 少女文胸

(1)款式

①整体款式结构简单，线条简洁、流畅。

②自然、柔和、质朴的清纯造型。

③活泼、朝气的运动造型。

④新潮、性感的前卫造型。

⑤各种款型的肩带，下围较宽。

⑥小花结、饰带装饰在肩部、胸前、裤侧等处。

⑦内裤设计饰有花边，腰节高低与当前流行时尚相符。

(2)色彩

①以清雅、简洁的粉色和浅淡色系为主，也运用流行色调。

②动漫元素的前卫色彩组合。

(3)图案

卡通图案、POP 文字、花朵图案，显示青春的时尚动感与活力。

(4)面料

①采用夹棉围、双层针织纯棉面料和肌理平实质朴的莱卡弹性面料为主，柔软舒适。

②天然纯朴和青春气息的平织棉布印花效果和针织棉布是少女文胸、小背心理想的面料。

③涤纶、锦纶、氨纶类化纤面料，具有良好的弹性和回复性、不易起皱、保型性好。中小品牌为了节约成本多采用这种面料设计内衣。

随着饮食习惯的改变和普遍的营养过剩，少女胸围及臀围的尺寸有日益增加的趋势。以胸罩为例，目前市场上卖得最多的罩杯型号是 B 罩杯，但近年来 C 罩杯的消费人群也接近 23%，其中 15~20 岁消费群的成长率高达 127%。而目前 70B、75B 及 75C 三个尺寸是市场销售最好的号型。少女内裤的普遍号型，以前是以腰围为 64cm 最多，现在扩展到 70cm，甚至 86cm。少女时期臀部正面呈纤细的直角形，侧面呈扁平形，后面呈直筒形。少女需选择合适的内裤，好的内裤既能修饰小腹，又能表现臀部的线条美，对少女日后的发育有益。少女内衣式样见图 4-24、图 4-25。

图 4-24　少女文胸、小背心款式图

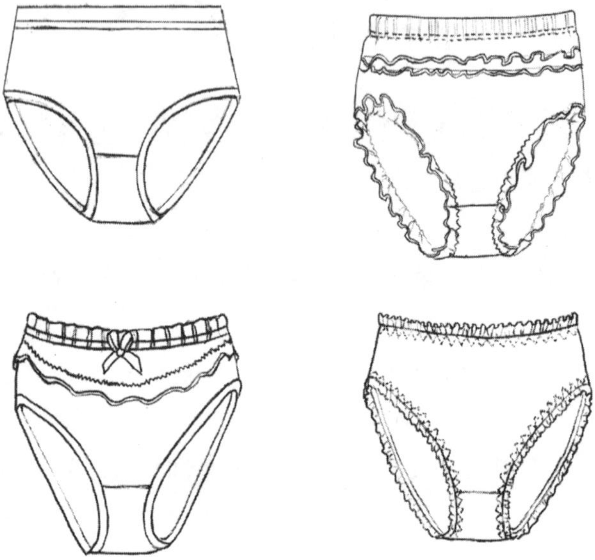

图 4-25　少女内裤款式图

2. *少男内衣*

少男内衣逐渐向运动化、情趣化发展，展现少男的健康向上和活泼朝气的风貌，见图 4-26。

(1)款式

①背心款式简洁，以 U 领结构为主。

②以平脚裤和三角裤款式为主，因男孩体型较小，大多无窿门开口结构。

③窿门口结构处、后腰处的造型变化简洁。

图 4-26 少男内裤款式图

(2)色彩

①以纯色、鲜艳的色彩为主。

②镶边色彩与主面料色彩形成对比,也可运用同类色、类似色的关系进行设计。

(3)图案

①条纹、字母、武器、植物印花纹样和肌理纹样为主面料。

②松紧腰带或裤腰、裤边常以字母、商标、条纹为点缀。

(4)面料

与少女内衣面料相同。

六、儿童泳衣的设计

儿童泳衣是儿童游泳时或在海滩上晒日光浴穿着的紧身衣服。多年来儿童泳装随着成人泳装样式而变化。

现代儿童泳装一般分为两大类:一件式(即连体式)泳衣和两件式泳衣。连体式泳衣其基本款式为背心式,圆领、方领或吊带,脚口有平角和三角形式;两件式泳衣基本款式是由小胸罩与小三角裤裤衩组成。设计时多选用有弹性的、光滑的锦纶织物,多使用印花和素色面料,还经常使用花边装饰。

思考题

1. 简述运动休闲内衣与儿童内衣的分类。
2. 设计一个系列共六套男、女混合健身服。
3. 设计一个系列共六套男、女混合专业泳装。
4. 设计男、女休闲泳装各两个系列,每个系列六款。
5. 设计一个系列共三套婴儿内衣。
6. 设计一个系列共三套儿童内衣。
7. 设计一个系列共三套少年内衣。

应用设计——

内衣的穿着与保养

课题名称：内衣的穿着与保养

课题内容：内衣的穿着
内衣的保养

课题时间：1课时

教学目的：通过本章学习，熟练掌握内衣的选择方法及正确穿着方法，了解内衣的洗涤、晾晒及收藏的要求。

教学方式：以教学课件和教师课堂讲授同步进行为主，课堂讨论为辅。

教学要求：1. 熟练掌握内衣的选择方法以及内衣(包括文胸、内裤、束衣、束裤)的正确穿着方法。
2. 了解内衣的洗涤、晾晒和收藏的要求。

第五章　内衣的穿着与保养

第一节　内衣的穿着

内衣的种类繁多,风格多样,在设计和选购时不仅要依据自身的体型,还要考虑不同的穿着场合。内衣的使用时间不宜过长,一般不超过半年。如果时间过长,内衣便失去了原有的弹性,对女性而言,不但起不到保护胸部和美化胸部的作用,反而会破坏原本漂亮的身材;对男性而言,则影响外衣的整体美观。

一、内衣的选择

内衣的合体和舒适不仅能帮助穿着者增进信心,还起到辅助服装外造型的作用。

(1)出门在外时,内衣选择要考虑到内衣的合体性、牢固性和色彩搭配,因不合体而使身体赘肉突现、肩带滑落、文胸背扣松脱、内裤和裤袜松垮等,都会造成令人非常尴尬的局面。在夏季,由于衬衣、裙装、长裤的面料单薄、透明,在内衣的选择上,要讲求色彩的稳妥,女性多选用保险的白色、米色和粉彩系列的文胸和中型束裤,男性内衣的颜色不要与衬衫、薄裤的颜色冲突。

(2)穿着盛装或晚装时,应选用重型矫形内衣、连身的文胸、束裤或连体的整件束衣来调整体型;露肩的礼服若配合 3/4 罩杯或 1/2 罩杯无肩带的连身文胸更有利于展示流畅的身体曲线美。

(3)运动和健身的场合,要首选纯棉质地的内衣,运动时便于吸汗且感觉舒适。为了使运动中的胸部得到更好的保护,应选用宽肩带或交差肩带的运动文胸和全包的柔软束裤,以适应运动的需要。

(4)不同风格的内衣选择相适应的配饰。胸衣和配套的束裤、吊袜带搭配,能较好地展现女性成熟的魅力和风采。

二、文胸、内裤的正确穿着方法

内衣中文胸的穿着方法比较讲究,若不能正确穿戴文胸,既没有达到托举、保护胸部的作用,反而会因为乳房未能装入罩杯,使胸部走形而影响美观。因此,穿着文胸时要注意文胸试穿的方法和要领，见图 5-1。

把吊带挂在肩上并系上挂钩

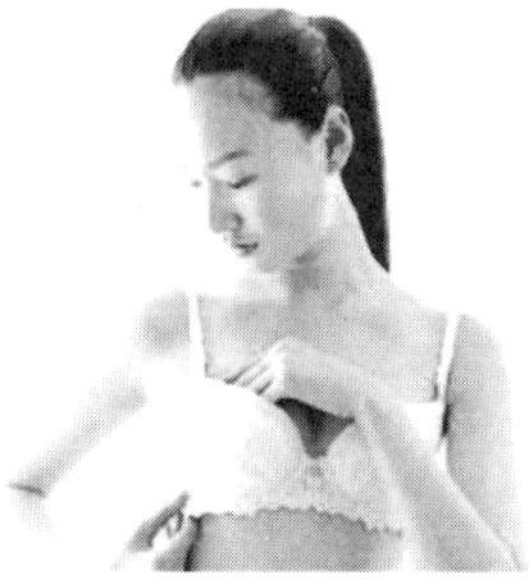

用手将胸部的侧面也收到罩杯中

将文胸的边缘与胸部突起处吻合

把吊带的肩扣向后拉

内衣的后面向下拉

图 5-1　文胸试穿的方法和要领

1.文胸试穿的方法与步骤

(1)手臂穿过肩带，挂在双肩上，身体前倾 45 度，使乳房自然、圆滑地进入罩杯中，保持此姿势，再扣上被扣。

(2)扣好后，再将手伸至罩杯里，将乳房两侧的肌肉挪入罩杯中，并托高胸部。

(3)调整好肩带的松紧度，然后上下活动手臂看内衣是否舒适、贴体。

2.文胸穿着的检查要点

(1)下胸围是否紧内贴，正中是否固定于心窝。

(2)前中心是否松浮，一般以可容纳一只手指的空间为宜。

(3)罩杯上缘是否过于紧迫，罩杯位是否适合。

(4)乳房内侧肌肉是否受挤压或突出于罩杯外，肩带是否太紧或太松。

(5)后背钩、前胸口、侧扣的位置是否平行固定于肩胛骨的下方。

(6)最后双手举起，检视一下胸罩底边是否仍在乳房下限，紧紧包着乳房，而没有向上滑动。

3.内裤的穿着要点

(1)尺码正确,称身自然。

(2)腰部、臀部不要过紧,感觉舒适。

(3)大腿处不要过紧,活动自如。

(4)臀部覆盖自然,线条柔美。

三、束衣、束裤的正确穿着方法

(1)将束裤的裤头由内而外翻卷至臀部最宽的部位。

(2)两脚套上束裤后,再将翻卷的部分慢慢翻拉穿至腰部。

(3)束裤穿好后,将手伸入束裤内,把臀部肌肉提高至适当位置,使臀部曲线更完美。

(4)调整裤脚或裤管,增进穿着舒适度及包容度。

内裤试穿方法和要领见图 5-2。

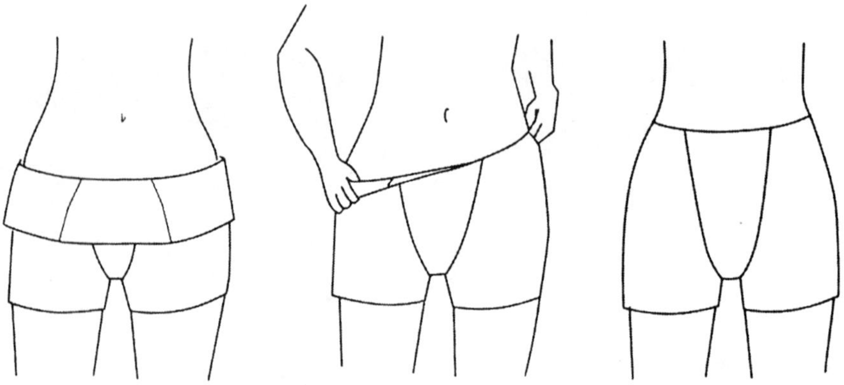

图 5-2 内裤试穿的方法和要领

第二节 内衣的保养

内衣的保养关系到内衣使用的寿命和外形的美观,因此我们需了解内衣洗涤、晾晒和收藏的方式,改进设计思路和方法,使内衣产品设计更加科学和人性化。

一、洗涤

做好内衣清洁和保养工作是必要的,尤其在洗涤时必须讲究一定的方法。内衣的材料较为复杂和特殊,在洗涤之前首先要根据内衣的洗涤标识,选择正确的洗涤方法，见下表。要注意“手洗”、“水温”、“烘干”及“洗涤剂”等标识，因为内衣的材料差异很大，对水温、洗涤剂要求较严格，否则会减短内衣的使用寿命。

内衣洗涤要求

序号	洗衣机要求	手洗要求
1	使用专用内衣袋，避免肩带和脆弱的钢圈变形。检查内衣是否有脱线处，如有脱线要先缝合，然后钩好钩扣，取下肩带，以防止清洗时钩到蕾丝等丝织面料	文胸类如带钢圈的文胸最好手洗，清洗时请勿用力过大，多用轻柔的压洗法，以确保钢圈和杯罩不变形
2	洗衣粉和洗衣液虽然可以直接使用，但洗涤剂必须完全溶解，否则会导致内衣的褪色、变色和颜色不均。真丝类内衣使用专用洗涤剂	要先在温水中溶解适量的洗衣粉，再浸泡内衣。内裤最好手洗，不宜使用强效洗涤剂。不提倡用香皂洗涤，其去污力较低
3	要将颜色深浅不同的内衣分开清洗，放入洗衣机之前要先拉好拉链和扣好按扣。有绣花图案的文胸，在清洗前可加入少量的盐，防止在清洗时绣花脱色	勿用手拧干衣物，以免内衣变形
4	水温要在40℃以下，时间不超过3分钟，用弱水流洗涤	要轻揉轻洗，迅速晾干
5	内衣要常洗，但洗涤时间不宜太长	必须完全彻底冲洗干净

二、晾晒

(1)机洗脱水后应立即抚平内衣，手洗则用手轻挤或用干毛巾将其包住甩干，否则会引起变形、褪色和皱褶。

(2)手洗的内衣晾晒时，湿的文胸可将罩杯的中间点挂起，或用夹子夹住没有弹性的地方，倒挂起来，切忌将肩带挂上或夹住；再将内衣按其丝缕方向用手整理平服再晾晒。

(3)不可曝晒内衣，应在通风良好的阴凉处晾晒，室内的暖气也会造成面料变黄，要避免内衣质地变色、变脆。

(4)需要熨烫的内衣，一定要注意熨烫的标识，防止温度过高而引起面料质地变硬、变黄。

三、收藏

(1)收藏前要检查内衣是否完全干透，避免内衣发霉、变色。

(2)收藏时先将文胸扣好，把后片和肩带折叠在杯罩内，钢圈部分不能折叠。

或用衣架挂在衣柜中并保持不挤压变形的空间。

(3)束裤和普通内裤可以折叠,而连体束衣和连身文胸只能挂在衣柜里,不能折叠收藏。

(4)切忌与樟脑丸等防虫剂放在一起,以免使内衣料和松紧带失去弹力。

思考题

1. 简述购买内衣、内裤时的选择方法。
2. 以内衣、内裤、束衣、束裤为例,说明内衣的正确穿着方法。
3. 举例说明内衣的洗涤、晾晒和收藏的要求。

应用设计——

内衣展示与陈列设计

课题名称:内衣展示与陈列设计

课题内容:内衣品牌定位
卖场区域设计
照明设计
橱窗设计
商品配置
宣传品与装饰品设计

课题时间:5课时

教学目的:通过本章教学,使学生了解并熟悉终端卖场内衣展示与陈列设计的构成要素、基本原则和方法。

教学方式:以教学课件和教师课堂讲授同步进行为主,课堂实践操作、讨论、作业训练以及参观商场或专卖店为辅。

教学要求:1. 了解内衣品牌定位、卖场区域设计及照明设计的基本知识。
2. 掌握橱窗设计、商品配置、宣传品与装饰品设计的设计要素、原则及方法。
3. 熟练运用形式美的法则进行商品配置及宣传品与装饰品的设计。

第六章 内衣展示与陈列设计

内衣企业希望能够将自身的设计理念、品牌文化、风格定位、产品的款式细节等充分展示并传递给自己的消费群体，成功地完成终端销售环节并实现内衣品牌的产品价值，而卖场的内衣产品展示与陈列是实现这一目标的必要途径。

同时，吸纳加盟商和举办订货会是内衣品牌经营的一个重要途径。企业往往通过专业展示会来发展自己的加盟商，而内衣展示与陈列设计是宣传品牌形象以及发展加盟商成功与否的关键。

无论是内衣品牌的终端卖场、专业展会的展台，还是订货会的展示厅，内衣品牌的展示与陈列设计围绕品牌定位，融合了视觉艺术、营销管理、空间设计等多方面的知识，涉及的范围较广，主要包括卖场区域设计、照明设计、橱窗设计、商品的配置与陈列、整体管理等方面的内容。

第一节 内衣品牌定位

我们从内衣品牌的市场定位和形象定位两个方面来进行分析。

内衣品牌市场定位是指内衣品牌产品针对市场包括销售地区、产品性质、消费群体、经营规模和经营方式的定位。市场定位与产品定位的内涵是一致的。设计师要了解本企业确定的市场定位，首先要了解其产品在市场上与同类产品的竞争位置，了解消费者对产品各种属性的重视程度，找出消费者对产品的理想形象和竞争对手的薄弱环节与不利因素、本企业新产品的经营方式以及销售网络体系。

品牌形象定位是内衣展示与陈列设计的前提，只有围绕品牌形象定位展开设计，才能更好、更准确地表达品牌形象。品牌形象有两个概念：一是包括产品在内的品牌整体形象，即产品形象、卖场形象和服务形象；二是单指不包括产品在内的卖场形象，见图 6–1。

一个成熟的品牌内衣公司应该以完整的形象展现给消费者。在品牌形象卖场展示工作中设计师或多或少会参与到品牌形象的策划、设计、确认等工作中，

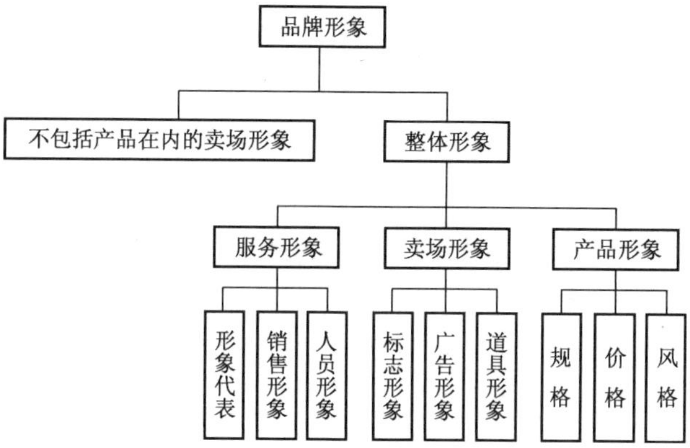

图 6-1　品牌形象定位图

其参与程度根据公司分工的实际情况而定。品牌的卖场是品牌形象展示的重要场所。这里主要指品牌卖场的硬件形象，见表 6-1。

表 6－1　品牌卖场形象分类

品牌卖场形象	道具形象	指陈列和销售商品的道具	POP 看板、衣架、灯具、展示台、开票台、衣夹、更衣室、穿衣镜、休息椅、模特等
	广告形象	指宣传商品的物品	样本、灯箱、广告画等
	标志形象	卖场最显眼位置的标志性品牌形象设置或卖场内最显眼的品牌象征物	标志性品牌形象、品牌象征物等

第二节　卖场区域设计

卖场的区域设计规划一般分导入部分、营业部分和服务部分三个部分的设计与规划，见图 6-2。

一、卖场的区域展示空间设计

规划空间布局是卖场区域设计的主要内容。空间布局是指营销场所各个区域的划分，如商品陈列区、顾客活动区、店员工作区、休息区和通道等。卖场的空间区域设计不仅要充分考虑顾客的心理和需求，还要充分利用植物、道具、坐椅、

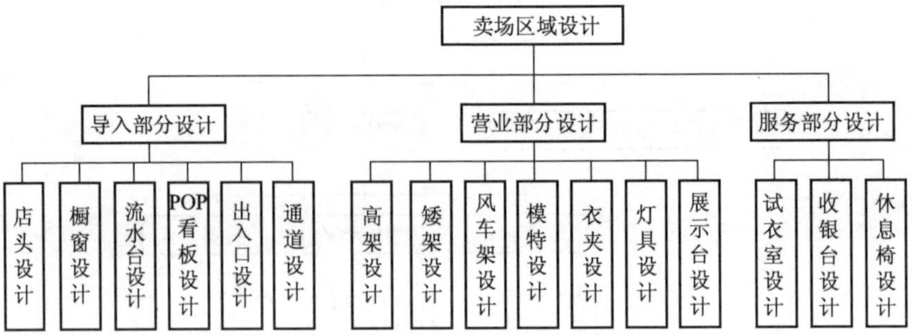

图 6-2　卖场区域设计内容

不同材料与不同颜色分隔地面，以及灯光局部照射等虚拟空间划分不同的功能区域。做到视觉舒适、接触方便、视野和距离合理并能烘托气氛，包括卖场的正面、壁面、柱面、展示台等环境资源的合理利用，有限的服务空间布局的优化，见图 6-3。

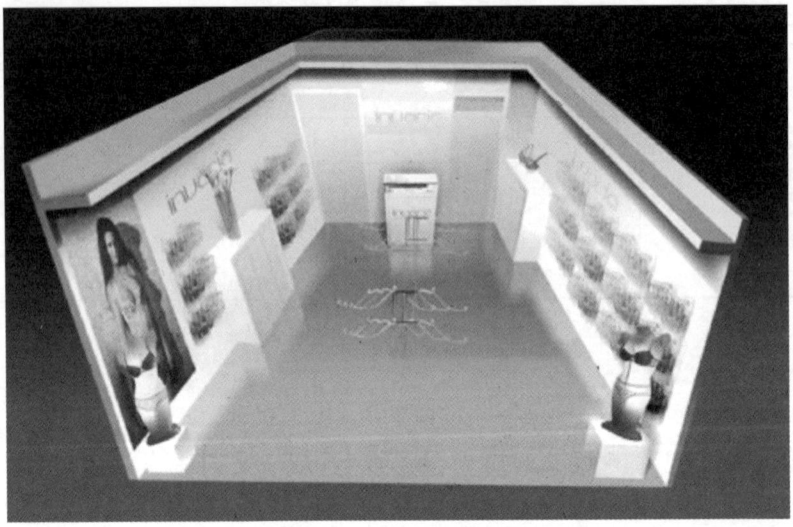

图 6-3　卖场的区域展示空间设计示例

内衣卖场的区域展示空间设计的原则有以下几点：

(1)货品展示整体统一。

(2)货品摆放相互搭配。

(3)货品设置实用有效。

(4)展示空间合理顺畅。

(5)商品展示风格独特。

二、试衣间设计

内衣是贴身之物,特别是购买文胸、睡裙时,试衣间可以说是决定内衣是否能够顺利售出的一个重要环节。顾客通常只有试了才能有购买的决心。如果因为内衣专卖区域的试衣间设计不周而令顾客感到尴尬和不便,从而导致销售失败的现象时有存在。因此,内衣试衣间的设计应遵循一定的原则,通常需具备以下几个条件:

1. 良好的私密性

每个顾客在试内衣的时候都要经历不可示人的阶段,因此试衣间的设计应该着重考虑保护顾客的隐私性。避免用布帘作遮掩,避免试衣间顶部无遮挡而走光,避免设计细节上的疏忽给顾客造成不必要的尴尬和紧张,影响欣赏内衣的心情和购买的欲望。

2. 适当的空间感

内衣专用的试衣间应该充分考虑不同体型的顾客,只能容下一个人的狭窄空间对于体型高大的顾客,其不便之处是可以想象的。同时要考虑到顾客可能携同伴参考商量等不同情形。在空间设计上要尽可能考虑顾客使用是否舒适,为顾客提供舒适怡人的空间。

3. 良好的功能性

为了让顾客从不同角度看清所试穿内衣的着装效果,内衣试衣间尽可能在墙的对立面都安装镜子。一个好的试衣间,在设施配置上要考虑顾客使用是否方便,如是否设计有挂物钩及其数量,坐椅是否舒适,是否配有托鞋,灯光是否能影响内衣的色彩、能否衬托出明显的效果,镜子是否变形等因素。

卖场的区域设计规划好后,还有许多需要实施的细节,比如色彩的选择以及照明的设计等。

第三节 照明设计

照明设计包括照明方式、照明的光线强弱、柔和度、体现产品的鲜艳度和真实度的设计,它关系到内衣产品在卖场的视觉冲击力。照明的灯具可以按发光原理和安装形态两种方式分类,按安装形态有镶嵌灯、射灯和槽灯等。

卖场照明具体可按光线照射方式和照明区域进行不同的分类,也可结合使用,见图 6-4。

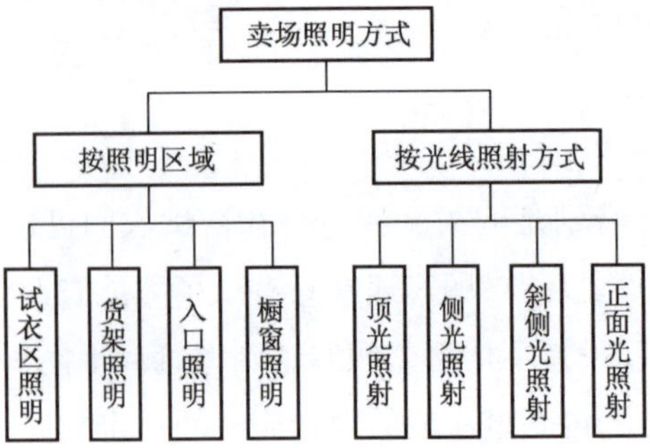

图 6–4　卖场照明方式

卖场照明设计应遵循以下原则：

(1)具有舒适感。

(2)具有吸引力。

(3)真实显色。

(4)层次分明。

(5)与品牌风格吻合。

此外，内衣卖场的灯光分布必须形成一个视觉亮点和中心，使顾客过目不忘，强化视觉印象，如图 6–5。

图 6–5　卖场灯光分布示例图

第四节　橱窗设计

橱窗设计是一门视觉艺术、空间科学和营销策略相结合的专业学科。橱窗是品牌文化、空间构成、色彩搭配、产品款式组合、情景营造诸多辩证关系的集中体现。它衬托提升展品的隐性价值，使展品在丰富多彩的展示基础上体现纯粹的艺术特征，使消费者在欣赏橱窗过程中产生无穷的想象力和感染力。

橱窗可按位置分布和外在形态两种方法分类，见图 6–6。

一、橱窗设计的基本原则

(1)考虑顾客行走视线。

(2)橱窗和卖场形成整体。

(3)与卖场内营销活动相呼应。

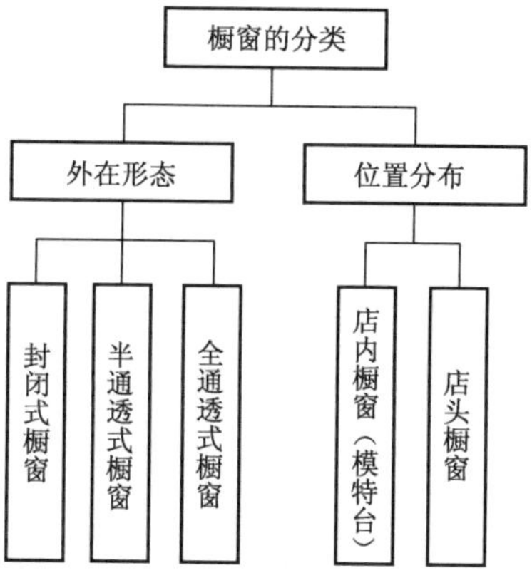

图 6–6 橱窗的分类

(4)主题简洁鲜明,风格突出。

二、橱窗设计的主要方法

(1)立体展示法:充分利用橱窗的上下、左右空间进行展示。

(2)层叠展示法:以一个主体为中心,运用不同层次、重叠的方法展开。

(3)正面展示法:以主体的正面造型进行展示,突显正面造型的特点。

(4)侧面展示法:展示主体的侧面造型,突显侧面造型的特点,流动感强。

(5)反衬展示法:以正反款式、色彩对比,从反面衬托主体的特征。

(6)组合展示法:运用有关联的多种道具进行展示。

(7)独立展示法:以主体独立展示的方法,强调主体的个性特征。

三、橱窗设计的基本方式

橱窗设计主要有人模组合变化和综合性变化组合两种基本方式,见图 6–7。

人体模特是展示新流行的内衣款式或色彩,介绍内衣产品和提高产品价值最直观的方式。模特的使用要配合内衣产品的特点和展示的风格特点。

人体模特可按风格、长度和材料三种方式分类,见图 6–8。

1. 模特摆放要点

模特各自的动态和相互间的位置是设计的关键，内衣模特摆放通常有单个或两个以上的组合。

2. 模特摆放中容易遇到的问题

(1)模特造型呆板,没有生气,或动作失常,缺乏美感。

(2)模特彼此靠得太近,感到压抑。

(3)模特互相没有配合,缺少情节感,场景缺乏意义。

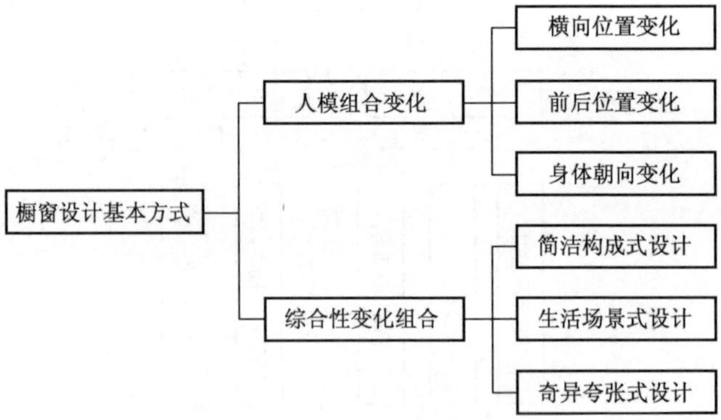

图 6-7　橱窗设计的基本方式

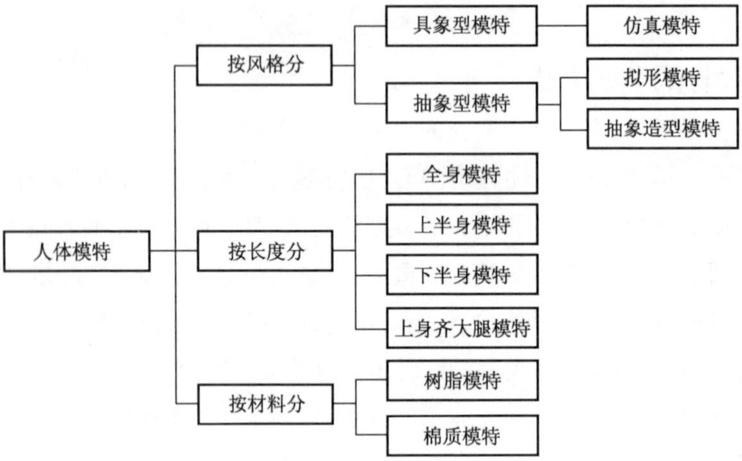

图 6-8　人体模特分类

3. 模特摆放的常见形式

(1)两具模特：人体模特可并排立于橱窗一侧，或居中排列，但要注意两者之间的位置关系，一般由模特的姿势与脸部方向来决定。此外，通过服饰色彩的配合形成纵深感和层次感，一般靠后的模特服饰应该选择较深的颜色，见图 6-9。

(2)三具和多具模特：主要采用并列、前一后二或前二后一的排列方式，前一后二或前二后一的排列，使其具有空间感，但应注意动感和协调性；并列的排列方式，适合运用姿势的变化，但要注意互相呼应；斜线排列，有层次感，适于表现服饰的组合和色彩的过渡，但要避免呆板，见图 6-10。

橱窗模特造型设计意境的创新，要用巧妙的象征，含蓄的语言或比拟、暗示

图 6-9 两具模特摆放示例图

等进行联想。设置情节、寄托寓意、传达风格、抽象构成等方法，最终表现为商品群体与消费者的关系，用于引导消费，从而避免单调的刺激。此外，模特的材料质感也很重要，选用透明发光材质的人体模特，能更好地体现内衣丰富的面料层次和质感。

图 6-10 多具模特摆放示例图

第五节 商品配置

内衣产品的陈列主要采用以架型为主、平台型和箱型为辅的形式。卖场陈列的色彩特点是要注重表现产品的多样性、变化性和流行性。

内衣产品配置的原则，即具体需注意的方面如下：

(1)内衣款式的多样性。

(2)内衣色彩的丰富，协调性。

(3)内衣款式的搭配性。

(4)内衣种类的有序性。

(5)内衣拿取的方便性。

(6)整体内衣的美观性。

一、商品配置与陈列的方法

1. 填充式陈列

填充式陈列，是指采用自选售货的陈列形式，把陈列和销售合二为一的现代无柜台售货形式，以使顾客选购方便、自然、随意，容易激发购买情趣。

2. 醒目式陈列

醒目式陈列，是利用空间位置和借助顾客心理活动特点的表现方法，把最想卖的内衣产品置于显眼的地点和高度。

3. 强调式陈列

强调式陈列，是根据气候、季节变化，把应季产品集中进行专题、即时陈列。

4. 接近式陈列

接近式陈列，是指把内衣产品放在顾客拿取方便的位置，以方便顾客选择。可将内衣按性别、功能、制造商、价格、款式、色彩等大类分别归类或按小类分类陈列。

此外，内衣的色彩陈列具体有如下操作方法：

(1)渐变法：是利用明度对比如前浅后深、上浅下深或左浅右深陈列产品；

(2)色相法：是利用色相由低纯度向高纯度，或暖色调向冷色调排列；

(3)间隔法：是利用明度的深、中、浅的间隔方式排列；

(4)彩虹法：是利用光源七彩色的组合顺序排列。

二、商品配置与陈列的形式

(1)系列化陈列。

(2)对比式陈列。

(3)重复式陈列。

(4)对象陈列。

(5)层次性陈列。

(6)场景式陈列。

(7)连带式陈列。

(8)科普陈列。

(9)广告陈列。

三、商品配置与陈列实例

1. 内衣组合

随着时代的发展和消费者的需求，内衣组合的内容变得越来越丰富，主要包括女式内衣组合和男式内衣组合，通常以展示商品的面料、款式为组合的重点。

(1)女式内衣组合

女式内衣组合中常用的一些商品的分类名称，见表 6-2。

在具体的组合方式上，女式内衣与女装的程序相同。

例如，某内衣品牌的品类组合为：A 系列、B 系列、C 系列、D 系列和 E 系列，

表 6－2 女式内衣的基本组合

品 类	品 目
基础内衣系列(用 A 表示)	A1 表示文胸、A2 表示内裤、A3 表示吊带背心
塑身内衣系列(用 B 表示)	B1 表示塑裤、B2 表示塑身衣、B3 表示腹带
睡衣系列(用 C 表示)	C1 表示长袖套装、C2 表示短袖套装、C3 表示睡袍、C4 表示上衣单品、C5 表示裤子单品
保暖内衣系列(用 D 表示)	D1 表示长袖套装、D2 表示短袖套装、D3 表示上衣单品、D4 表示裤子单品
服饰配件系列(用 E 表示)	E1 表示帽子、E2 表示鞋子、E3 表示袜子、E4 表示浴巾、E5 表示毛巾

按照表 6–2 所示的内容，具体选定商品的品目如下：

①A1、A2、A3。

②B1、B2、B3。

③C1、C3、C4、C5。

④D1、D3、D4。

⑤E2、E4。

目前，女式内衣在我国的发展已经初具规模。根据对国内内衣品牌的调查可知，品目组合方面大同小异，基本上都包括 a 系列、b 系列、c 系列、d 系列、e 系列的组合。内衣在组合的创新上越来越倾向于采用新科技、新面料的组合形式。

(2)男式内衣组合

男式内衣组合中常用的一些商品的分类名称，见表 6–3。

表 6－3 男式内衣基本组合

品 类	品 目
基础内衣系列(用 A 表示)	A1 表示内裤、A2 表示背心、A3 表示 T 恤
睡衣系列(用 B 表示)	B1 表示长袖套装、B2 表示短袖套装、B3 表示睡袍、B4 表示上衣单品、B5 表示裤子单品
保暖内衣系列(用 C 表示)	C1 表示长袖套装、C2 表示短袖套装、C3 表示上衣单品、C4 表示裤子单品
服饰配件系列(用 D 表示)	D1 表示帽子、D2 表示鞋子、D3 表示袜子、D4 表示浴巾、D5 表示毛巾

在具体的组合方式上，与女式内衣的程序相同。

例如，某内衣品牌的品类组合为：A 系列、B 系列、C 系列、D 系列，按照表 6–3 所示的内容，具体选定商品的品目如下：

①A1、A2、A3。

②B1、B3、B5。

③C1、C3、C4。

④D3、D4、D5。

男式内衣组合是近几年开始受到重视的，与女式内衣相比，组合的内容比较单调，大多作为附属商品群的类型出现。它的品目基本上包括 a、b、c、d 这四个系列。

2. 家居服展示

随着人们对高品质生活的不断追求，家居服越来越受到大众消费者的重视。家居服以轻柔适体、自然舒适、方便起居和兼顾个性化需要为基本特点，多用棉质、丝质面料，颜色柔和、淡雅，强调与居室环境协调一致。

在进行家居服饰的展示策划时，家居服饰的形象设计和环境营造十分重要。因此，以家庭成员式人体模特进行展示可以收到较好的效果。人体模特的造型设计要从人物交流、人物与家居情景的关系着手，进行动态设计，增加家庭和谐、舒适的氛围。家居服饰首要的特点是舒适、随意，因此，在展示中应重点突出其面料和款式特点，见图 6–11。

图 6–11　家居服陈列设计示例图

3. 泳衣展示

泳衣展示应该针对泳衣产品的特点，以立体衣架强化内衣产品的特点和个性，并以海滩、泳池、椰子树、救生圈、太阳伞、墨镜等配饰加以点缀。通过环境烘托产品的特点，包括主题设计、个性设计和特色设计，见图 6–12。

图 6–12　泳装陈列设计示例

在实际的调查中经常看到，一些卖场过分注重展示反而使商品组合杂乱，体现不出卖场的整体特征和商品的特色；或关联性商品与主力商品搭配不当，给人以不舒服的感觉。那些无视顾客需求，只是依据经营者喜好，单纯注重陈列展示形式，片面追求新奇、时髦的陈列方式，忽视了商品组合的原则，失去了内衣的品牌风格，就会显得杂乱无章。

正确的商品配置方法应该是先分析商品的构成与配置规划，再运用组合原则，通过具体的陈列方式将商品的特性表现出来，而不只是让商品简单地堆积在一起，或者毫无章法地哗众取宠。

第六节　宣传品与装饰品设计

一、店铺陈列宣传品布置

店铺陈列的宣传品，是品牌最直接、最有效的广告。进入一家商店时，顾客首先关注的就是店内、店面、门口的宣传品。店铺的宣传品起着烘托气氛的作用，能刺激顾客的购买欲望。宣传品本身的视觉形象可以建立良好的形象认知。

在店铺展示中,宣传品起着举足轻重的作用。下面介绍的是不同类型的宣传品及其使用方法:

(1)在店面大门上设置的电动字幕、幕布、旗帜等广告。

(2)在店堂内的柜台上摆放的产品广告和销售信息,内容包括新品上市、使用指导、礼品发放等。

(3)利用店堂内部空间或橱窗等场所,设置展示架或立体造型。

(4)直接粘贴在墙面、立柱、橱窗玻璃、柜台等壁面的平面广告。

(5)利用悬挂物件如气球、吊旗、包装盒、装饰品等传递广告信息。

(6)带展示性的包装设计完成后,经开启或适当变化,可作为小型展架将商品进行展示。

(7)计算机字幕、电视墙或多媒体、激光影像光源 POP,可将有关图象、内容流动变化,增强视觉效果,也是借助现代科技手段的广告例证。

二、宣传品与POP的运用

宣传品大多形式新颖,有强烈的视觉冲击力,能吸引消费者在商品前多作停留,从而诱发购买欲望,产生购买行为。品牌宣传品的恰当运用,在店铺的陈列中起到画龙点睛的作用。宣传品和 POP 的作用如下:

(1)在卖场的促销活动中,大量的广告能达到烘托现场气氛的效果,从而刺激消费者的购买欲望,提升现场销售。

(2)宣传品可以在一定程度上代替销售人员进行产品的相关介绍,节约部分人工成本。

(3)宣传品的视觉形象和推广过程,可以在消费者的心目中建立良好的品牌认知,从而促成其对品牌的喜爱。

(4)与其他广告形式相比较,有些宣传品可起到直接推销商品的作用,经济实用。

(5)POP 是商品的促销形式之一,在广告媒体发展的历史中是一个新角色,但却最直接、实用、活泼和多样。

宣传品的种类相当丰富,除了现有的人们熟悉的形式外,新的形式、种类还在源源不断地涌入人们的生活。这是基于市场需求与日俱增,现代科技日新月异,营销创意不断发展的现状。商场是连接商品与消费者的重要场所,也是商家不能不投足精力的终端卖场。因此,商家必须利用好这个平台,更好地完成产品终端销售,实现产品价值。

思考题

1. 举例说明内衣卖场的特色设计。
2. 举例说明内衣卖场的橱窗设计原则。
3. 设计一个内衣品牌的橱窗。
4. 举例说明怎样实现商品配置及宣传品与装饰品设计的最优化。

参考文献

[1] 罗莹. 贴心时尚——内衣设计[M]. 北京:中国纺织出版社,1999.

[2] 郑巨欣. 世界服装史[M]. 杭州:浙江摄影出版社,2000.

[3] 马大力,周睿. 卖场陈列——无声促销的商品展示[M]. 北京:中国纺织出版社,2006.

[4] 刘晓刚. 品牌服装设计[M]. 上海:东华大学出版社,2006.

[5] 陈东生,甘应进. 贴心时尚——内衣设计[M]. 北京:中国轻工业出版社,2002.

[6] 黄强. 中国内衣史[M]. 北京:中国纺织出版社,2008.

[7] 缪爱莉,邝潞. 中西历代服饰图典[M]. 广州:中国科技出版社,1999.

书目：服装类

类别	书名	作者	定价(元)
高等教材	**【普通高等教育“十一五”国家级规划教材】**		
	服装美学教程(附盘)	徐宏力等	42.00
	中国服装史(附盘)	华梅	32.00
	服装美学(第二版)(附盘)	华梅	38.00
	【服装高等教育“十一五”部委级规划教材】		
	服装生产管理(第三版)(附盘)	万志琴等	42.00
	服装电子商务(附盘)	张晓倩等	32.00
	成衣立体构成(附盘)	朱秀丽等	29.80
	服装英语(第三版)(附盘)	郭平建等	34.00
	服装市场营销(第三版)(附盘)	刘小红等	36.00
	服装厂设计(第二版)(附盘)	许树文等	36.00
	【服装高等教育“十五”部委级规划教材】		
	服装商品企划学	李俊	28.00
	针织服装设计与工艺	沈雷	28.00
	服装整理学	滑钧凯	29.80
	服装舒适性与功能	张渭源	22.00
	服装设计表达——时装画艺术	陈闻	39.80
	服装营销学	赵平	39.80
	服饰配件艺术	许星	32.00
	展示设计	张立	38.00
	服饰图案设计与应用	陈建辉	36.00
	【普通高等教育“十五”国家级规划教材】		
	服装 CAD 原理与应用	张鸿志	40.00
	服装色彩学	王蕴强	32.00
	服装艺术设计	刘元风等	40.00
	中国服装史	袁仄	28.00
	服装结构设计	张文斌	36.00
	服装材料学	王革辉	24.00
高职教材	**【普通高等教育“十一五”国家级规划教材(高职高专)】**		
	服装贸易单证实务(附盘)	张芝萍	39.80
	服装连锁经营管理(附盘)	邓汝春等	34.00
	模特造型与训练(附盘)	张春燕	36.00
	出口服装商检实务(附盘)	陈学军	36.00
	服装英语实用教材(第二版)(附盘)	张宏仁	36.00
	【服装高职高专“十一五”部委级规划教材】		
	鞋靴设计与表现(附盘)	伏邦国等	42.00
	服装生产现场管理(附盘)	姜旺生等	30.00
	实用化妆造型(附盘)	李采姣	38.00
	产业用服装设计表现(附盘)	刘兴邦等	32.00

书目：服装类

类别	书名	作者	定价(元)
参考教材	**【巴黎·时装·教育】**		
参考教材	打破思维的界限——服装设计的创新与表现	袁利　赵明东	68.00
参考教材	一本纯粹的设计师手稿	袁利	42.00
参考教材	突破与掌控——服装品牌设计总监操盘手册	袁利　赵明东	68.00
参考教材	**【国际服装丛书】**		
参考教材	时装设计:过程,创新与实践	[英]凯瑟林·麦凯维等	30.00
参考教材	服装设计实务	[韩]李好定	48.00
参考教材	服饰零售采购——买手实务(第七版)	[美]杰·戴梦德等	38.00
参考教材	视觉·服装——终端卖场陈列规划	[韩]金顺久等	48.00
参考教材	色彩预测与服装流行	[英]特蕾西·黛安等	34.00
参考教材	时装设计元素	[英]理查德·索格杰妮·阿黛尔	48.00
参考教材	服装·产业·设计师(第五版)	[美]莎伦·李·塔特	49.00
生产技术书	**【时装厂纸样师讲座】**		
生产技术书	女装精确打板推板(上)	袁良	32.00
生产技术书	女装精确打板推板(下)	袁良	32.00
生产技术书	男装精确打板推板	袁良	28.00
生产技术书	服装纸样放码	李秀英等	22.00
生产技术书	服装创意结构设计与制板	向东	32.00
生产技术书	品牌女装结构设计原理与制板	刘玉宝等	38.00
生产技术书	服装斜裁技术	庹武	32.00
生产技术书	童装纸样设计	马芳等	35.00
生产技术书	**【时装厂技术培训教材】**		
生产技术书	香港高级女装技术教程	袁良	28.00
生产技术书	Corel DRAW 时装款式画	袁良	36.00
生产技术书	**【服装企业工业化技术丛书】**		
生产技术书	男裤工业技术手册	刘胜军	46.00
生产技术书	**【其他】**		
生产技术书	服装衬布与应用技术大全	王树林	36.00
生产技术书	西服工业化量体定制技术	王树林	38.00
生产技术书	成衣跟单实务(附盘)	冯麟	34.00

注　若本书目中的价格与成书价格不同,则以成书价格为准。中国纺织出版社市场营销部门市、函购电话:(010)64168231。或登陆我们的网站查询最新书目:

中国纺织出版社网址:www.c-textilep.com